Mokhlesur Rahman
Alias Mohd Yusof
Khalik Wood

Especiação de elementos tóxicos sofisticados

Mokhlesur Rahman
Alias Mohd Yusof
Khalik Wood

Especiação de elementos tóxicos sofisticados

Especiação arsénio, crómio, mercúrio

ScienciaScripts

Imprint
Any brand names and product names mentioned in this book are subject to trademark, brand or patent protection and are trademarks or registered trademarks of their respective holders. The use of brand names, product names, common names, trade names, product descriptions etc. even without a particular marking in this work is in no way to be construed to mean that such names may be regarded as unrestricted in respect of trademark and brand protection legislation and could thus be used by anyone.

Cover image: www.ingimage.com

This book is a translation from the original published under ISBN 978-3-659-56541-0.

Publisher:
Sciencia Scripts
is a trademark of
Dodo Books Indian Ocean Ltd. and OmniScriptum S.R.L publishing group

120 High Road, East Finchley, London, N2 9ED, United Kingdom
Str. Armeneasca 28/1, office 1, Chisinau MD-2012, Republic of Moldova, Europe
Printed at: see last page
ISBN: 978-620-7-89009-5

AGRADECIMENTOS

Alhamdulillah, pela sua graça e misericórdia, este trabalho foi concluído. É com imenso prazer que o autor expressa o seu mais sincero agradecimento aos seus supervisores, Professor Dr. Alias Mohd. Yusof e Dr. Abdul Khalik Hj. Wood (Ex. S. R. O, MINT e Professores na UiTM) pela sua constante orientação, inspiração, sugestão e apoio na realização e conclusão deste estudo de investigação e na compilação de um livro completo.

O autor está muito grato à UTM e ao IIUM por terem fornecido a ajuda financeira, o transporte e outras facilidades necessárias para a redação deste livro.

O autor agradece ao pessoal da Faculdade de Farmácia do IIUM e da Faculdade de Ciências da UTM, especialmente aos assistentes de laboratório e aos técnicos do laboratório de radioanalítica e do laboratório de análise, pela sua assistência e cooperação na realização do estudo, de uma forma ou de outra. São devidos agradecimentos especiais ao Dr. Mohd Suhaimi Hamzah (S. R. O) e a Puan Shamsiah Abdul Rahman (R. O), do Departamento de Química Analítica e Ambiental do Instituto Malaio de Investigação em Tecnologia Nuclear (MINT), Bangi, Kajang, por terem disponibilizado as instalações necessárias para as análises ICP-MS e FI-MS e pelas suas sugestões exactas na avaliação das análises ICP-MS e FIMS.

A compreensão, a paciência, o apoio moral e os familiares são profundamente reconhecidos.

Por último, os autores expressam a sua sincera gratidão a Alá (SW) que, mais uma vez, tornou este trabalho completo.

Prefácio

No debate científico sobre o ciclo químico e a toxicidade, reconhece-se que os comportamentos particulares dos metais vestigiais são determinados pelas suas formas específicas e não pela sua concentração total. Esta experiência levou à introdução do termo "especiação", que é utilizado de forma vaga tanto para o procedimento operacional de determinação de espécies metálicas típicas em amostras ambientais como para a descrição da distribuição e transformação dessas espécies em vários meios. A especiação de um determinado elemento significa caraterizar a sua solubilidade, reatividade e biodisponibilidade em diferentes compartimentos ambientais. A especiação é inicialmente afetada pela sua fonte, por exemplo, a meteorização natural, o processamento industrial, a utilização de componentes metálicos, a lixiviação de lixeiras e de resíduos sólidos, as excreções animais e humanas. No decurso do seu ciclo terrestre e aquático, a variação das condições físico-químicas pode alterar significativamente a distribuição das espécies de elementos e o seu comportamento nos processos biogeoquímicos. A caraterização da mobilidade de uma determinada espécie de elemento a nível molecular, de organelos e de células, no que diz respeito à sua "biodisponibilidade" e "toxicidade", exige conhecimentos mais aprofundados sobre as interacções de diferentes metais com ligandos complexantes da sua concentração fisiológica

Fui o investigador principal, responsável por todas as áreas significativas da formação de conceitos, recolha e análise de dados, bem como pela composição do manuscrito. O Professor Alias Mohd Yusof esteve envolvido nas fases iniciais da formação do conceito e contribuiu para a edição do manuscrito. O Professor Alias Mohd Yusof foi o autor supervisor deste projeto e esteve envolvido durante todo o projeto na formação de conceitos e na composição do manuscrito. Uma versão do Capítulo 2 ao Capítulo 4 foi publicada nas seguintes revistas: "The Malaysian Journal of Analytical Sciences," Vol. 16 (2) (2012): 194 - 201, "Advanced Materials Research" Vol. 264-265 (2011), 1684-1689, e "Nuclear Science Journal of Malaysia," 18(2), (2000), 19-29, respetivamente [M. M. Rahman et al.]. Fui o investigador principal, responsável por todas as principais áreas de formação de conceitos, recolha e análise de dados, bem como pela maior parte da composição do manuscrito. O Professor Alias Mohd Yusof e o Professor Dr. Khalik Wood estiveram envolvidos nas fases iniciais da formação do conceito e contribuíram para todo o trabalho de investigação. Ambos foram os autores supervisores deste projeto e estiveram envolvidos durante todo o projeto na formação do conceito, na publicação e na edição do manuscrito. Fui também o investigador principal dos projectos localizados nos Capítulos 3 e 4, onde fui responsável por todas as principais áreas de formação de conceitos, recolha e análise de dados, bem como pela maior parte da composição do manuscrito. O Professor Dr. Khalik Wood esteve envolvido nas fases iniciais da formação do conceito e contribuiu para a qualidade dos dados produzidos. A Dr.ª Suhami Hamza e a Sr.ª Shamsia contribuíram para a recolha de dados, bem como para a edição dos artigos. Finalmente, o falecido Professor Alias Mohd Yusof foi o autor supervisor deste projeto e esteve envolvido durante todo o projeto, tanto na formação do conceito como na edição do manuscrito.

ÍNDICE DE CONTEÚDOS

LISTA DE SÍMBOLOS E ABREVIATURAS

%	-	percent
^{0}C	-	degree Celsius
^{0}K	-	degree Kelvin
mg	-	milligram (10^{-3}g)
μg	-	microgram (10^{-6}g)
ηg	-	nanogram (10^{-9}g)
mgL^{-1}	-	milligram per liter
ε	-	absorptivity
ppt	-	parts per trillion
ppb	-	parts per billion
ppm	-	parts per million
APDTC	-	ammonium pyrolidinedithiocarbamate
ATMDC	-	ammonium tetramethylenedithiocarbamate
AAS	-	atomic absorption spectrometry
ASTM	-	American Standard Testing Methods
CHCL$_3$	-	chloroform
CCL$_4$	-	carbon tetrachloride
Conc.	-	concentration
DDTTC	-	diethyldithiocarbamate
DBADBDC	-	dibenjyldithiocarbamate
EDTA	-	ethylenediaminetetraacetic acid

EPA	-	Environmental Protection Authority
FI-MS	-	flow-injection-mercury system
GFAAS	-	graphite furnace atomic absorption spectrometry
HAHDTC	-	hexamethylene ammonium hexaethylenedithiocarbamate
HCL	-	hollow cathode lamp
HCl	-	hydrochloric acid
HNO_3	-	nitric acid
H_2SO_4	-	sulfuric acid
ICP-AES	-	inductively coupled plasma-mass atomic emission - spectrometry
ICP-MS	-	inductively coupled plasma-mass spectrometry
IDL	-	instrument detection limit
INWQ	-	Interim National Water Quality
INAA	-	instrumental neutron activation analysis
K. L.	-	Kuala Lumpur
MIBK	-	monomethylisobutylketone
mA	-	miliampere
MDL	-	methods detection limit
NAA	-	neutron activation analysis
$NaBH_4$	-	sodium borohydride
N_2	-	nitrogen gas
PAN	-	1-(2pyridylazo)-2-naphtol
PIXE	-	proton-induced X-ray emission
QC	-	quality control
QCSS	-	quality control standard sample
rpm	-	round per minute

RSD	-	relative standard deviation
SSMS	-	spark-source mass spectrometry
Sdt. Dev.	-	standard deviation
sp. Gr.	-	specific gravity
Sol^n	-	solution
STTA	-	monothiothenyltrifluroacetone
TOPO	-	trioctyl-phosphine oxide
TBPO	-	tributyl-phosphine oxide
TON	-	threshold odor number
UV	-	ultraviolet ray
WHO	-	World Health Organisation
XRF	-	X-ray fluorescence analysis
RW	-	raw water
PW	-	pre-treated water
FW	-	fresh water

CAPÍTULO 1

Introdução

Especiação Elemento traço

O traço (em química) é uma quantidade extremamente pequena mas detetável de uma substância. Um elemento vestigial é um elemento presente numa amostra (mineral ou rocha) com uma concentração média inferior a 100 μg g^{-1} . A análise de vestígios é a análise de uma concentração muito baixa ou de uma pequena quantidade de uma substância numa mistura ou solução, utilizando as técnicas UV, AAS, polarogarfia e espetrofotometria de massa, etc. [1].

No debate científico sobre o ciclo químico e a toxicidade, reconhece-se que o comportamento particular dos metais vestigiais é determinado pela sua forma específica e não pela sua concentração total. Esta experiência levou à introdução do termo "especiação", que é utilizado de forma vaga tanto para o procedimento operacional de determinação de espécies metálicas típicas em amostras ambientais como para a descrição da distribuição e transformação dessas espécies em vários meios. A especiação de um determinado elemento, neste último sentido, ou seja, para caraterizar a sua solubilidade, reatividade e biodisponibilidade nos diferentes compartimentos ambientais, é inicialmente afetada pela sua fonte, por exemplo, a intempérie natural, o processamento industrial, a utilização de componentes metálicos, a lixiviação de lixeiras e resíduos sólidos, as excreções animais e humanas [2]. No decurso do seu ciclo terrestre e aquático, a variação das condições físico-químicas pode alterar significativamente a distribuição das espécies de elementos e o seu comportamento nos processos biogeoquímicos. A caraterização da mobilidade de uma determinada espécie de elemento a nível molecular, de organelos e celular, no que diz respeito à sua "biodisponibilidade" e "toxicidade", exige uma melhor compreensão das interacções de diferentes metais com ligandos complexantes em concentrações fisiológicas [3].

Entre os critérios para avaliar qual o elemento ou espécie elementar que pode suscitar maior preocupação, há duas questões que merecem uma atenção especial. O elemento é móvel nos processos geoquímicos devido à sua volatilidade ou à sua solubilidade na água natural, de modo a que o efeito das perturbações tecnológicas se possa propagar através do ambiente? Quais são as vias críticas através das quais as espécies mais tóxicas do elemento podem atingir os órgãos mais sensíveis? A análise de especiação envolve um esquema complexo de operações destinadas a simplificar os procedimentos analíticos que devem ser utilizados. Anteriormente, pensava-se que a determinação das concentrações totais dos elementos era suficiente para considerações clínicas e ambientais. Embora ainda seja útil conhecer a concentração total de um elemento e, de facto, seja essencial em muitos esquemas analíticos, a determinação das espécies é uma tarefa importante. A concentração de uma espécie tóxica é mais relevante para o estabelecimento de normas ambientais e clínicas do que a concentração total do elemento. Assim, os químicos analíticos deparam-se com problemas muito difíceis na aquisição de dados exactos sobre espécies tóxicas [2].

Pré-concentração e separação de elementos vestigiais por extração com solventes

As técnicas de pré-concentração têm sido aplicadas principalmente a amostras de água, tais como água do mar, água de rios e lagos, todas as águas naturais e amostras de água potável. Neste domínio, os agentes quelatantes sintetizados são muito preferíveis aos agentes quelatantes comuns. A extração por solventes é provavelmente o método mais utilizado para a separação e pré-concentração de elementos vestigiais, devido à sua simplicidade, rapidez e vasto âmbito [4]. A teoria e os sistemas de extração estão praticamente estabelecidos. Foram efectuadas numerosas investigações para determinar a composição, a estrutura e as propriedades dos compostos a separar, a dependência da capacidade de extração dos metais em relação à composição da fase aquosa, o tipo de extractantes e as suas concentrações na fase orgânica, a concentração dos elementos a separar e a temperatura. A extração por solventes baseia-se na distribuição de um soluto entre duas fases líquidas imiscíveis, em geral, água e solvente orgânico. Em condições de equilíbrio, a razão entre a concentração do soluto distribuído em ambas as fases é um valor constante a uma dada temperatura.

Este rácio é designado por coeficiente de partição, (K_D), e descrito por

$$K_D = c_O/c_a \qquad\qquad (1)$$

Onde, c_O e c_a são a concentração de equilíbrio do soluto numa e na mesma forma distribuída na fase orgânica e na fase aquosa, respetivamente.

Extração de oligoelementos

Muitas amostras naturais, como a água do mar, os sedimentos e as amostras biológicas, contêm certas quantidades de metais alcalinos e alcalino-terrosos que se deseja frequentemente separar dos elementos vestigiais para uma determinação exacta. Nestes casos, a separação e pré-concentração de oligoelementos por extração com solvente é possível utilizando um reagente que não reaja com os elementos da matriz. No quadro 1 são apresentados vários sistemas de extração amplamente utilizados para os quelatos metálicos.

Tabela 1.1: Pré-concentração de elementos vestigiais por extração com solventes [5]

Chaleting Agent	Trace elements	Solvents	Method of determination
8 -quinolinol	Mn, Mo, Ga	$CHCl_3$ MIBK	AAS, GFAAS Flour
APDTC	Se, As, Sb, Hg, MeHg, Ag, Cd, Co, Cr, Cu, Fe, Mn, Mo, Ni, Pb, V, Zn.	MIBK $CHCl_3$,C_6H_6 MIBK, DIBK CCl_4	Flour, GFAAS, AAS
APDTC+DDTC	Cd, Co, Cu, Fe, Ni, Pb, Zn.	MIBK	AAS
DDTC	Sb, Se(IV), Bi, Au, Cd, Co, Cu, Fe, Hg, Mn, Pb, U, Zn.	MIBK CCl_4 DIBK, 3 methyl-1 butanol, $CHCl_3$	AAS GFAAS AAS, NAA, Fluor
ATMDC, DBADBDC	As, Cd, Co, Cu, Cr, Fe, Mo, Ni, Pb, Se, Sn, V, Zn.	2-ethyl-hexyl acetic acid $CHCl_3$	ICP-AES AAS
Dithizone	Ag, Cd, Co, Cu, Cr, Fe, Mo, Ni, Pb, Se, Sn, V,Zn.		
Dithizone+TBPO	Co	CCl_4	GFAAS
STTA+TOPO	Cd, Co, Cu, Mn, Pb	Cyclohexane	GFAAS

APDTC: Pirrolidinditiocarbamato de amónio, ATMDC: Tetra-metilenoditiocarbamato de amónio, DBADBDC: Dibengilditiocarbamato, TOPO: Óxido de trioctilfosfina, TBPO: Óxido de tributilfosfina, STTA: Monotiofenoiltrifluoroacetona.

Extração da associação iónica

A abordagem alternativa à extração de iões metálicos consiste em utilizar um sistema de extração por associação iónica, que inclui um grupo muito importante de compostos extraídos aplicáveis à pré-concentração de elementos vestigiais. Os complexos iónicos associados amplamente utilizados são formados entre ácidos metálicos, por exemplo halogenetos metálicos, e um ião orgânico volumoso de carga oposta. As espécies iónicas que contêm o metal, bem como o grande ião, podem ser catiónicas ou aniónicas. Estes complexos são mantidos juntos por forças electrónicas relativamente fracas, mas são suficientemente estáveis para serem eficientemente extraídos em solventes orgânicos em condições adequadas. A estabilidade destes complexos iónicos associados é geralmente mais elevada na fase orgânica do que na fase aquosa. O tratamento teórico do equilíbrio de extração em sistemas de associação iónica é mais difícil do que o dos sistemas de extração de quelatos. A primeira razão é a existência de um número relativamente elevado de espécies químicas e de equilíbrio, que podem participar na extração. Em segundo lugar, verificam-se grandes alterações no coeficiente de atividade, na constante dieléctrica e nos volumes das fases aquosa e orgânica, devido à elevada concentração de eletrólito geralmente utilizada nos sistemas de extração por associação iónica e à consequente maior solubilidade mútua das duas fases.

Separação e pré-concentração por sorção

As técnicas de pré-concentração baseadas na sorção parecem ser convenientes, rápidas e capazes de atingir factores de concentração elevados. Os fenómenos de sorção utilizados para a pré-concentração incluem geralmente a adsorção, a absorção, a adsorção química e a condensação capilar de componentes gasosos ou de substâncias dissolvidas no sólido através do coeficiente de distribuição, que é representado como uma relação entre a quantidade total do elemento e a quantidade unitária da solução ou do gás de arrastamento (ml). A seletividade da sorção é dada pela relação entre os coeficientes de distribuição de dois elementos interessados e é expressa como coeficiente de seletividade. O desenvolvimento recente de técnicas de sorção para a pré-concentração de elementos vestigiais foi resumido em várias literaturas [6, 7].

Carvão ativado

Verificou-se que vários metais vestigiais são eficazmente retidos no carvão ativado na presença de um agente complexante, como o etilxantato, o dietilditiocarbamato (DDTC), o pirrolidinaditiocarbamato de amónio (APDTC), a ditizona, o 8-quinolinol e o xilenol laranja. Além disso, iões metálicos individuais como o mercúrio (II), metilmercúrio e ferro (III) são também adsorvidos a partir de uma solução de ácido clorídrico. A Tabela: 1.2 mostra alguns exemplos de pré-concentração com carvão ativado. Geralmente, a pré-concentração de metais vestigiais com carvão ativado é efectuada através de um dos dois procedimentos seguintes: 1) a solução de amostra adicionada com um agente complexante adequado é passada através de uma camada fina do sorvente (50 a 150mg) suportada num papel de filtro; 2) depois de agitar a solução de amostra contendo uma certa quantidade de sorvente (50 a 150mg) e agente complexante, a solução é filtrada através de um papel de filtro. O metal recolhido no adsorvente é facilmente lixiviado com ácido nítrico quente para absorção atómica ou espetrometria de emissão de plasma induzido, enquanto o filtro carregado com adsorvente pode ser diretamente submetido ao método de fluorescência de raios X ou à análise por ativação neutrónica

[8].

Quadro 1.2: Sorção de metais vestigiais em carvão ativado [5]

Matrices	Trace metals	Complexing Agents	Determination Method
Water	Ag, Ag.Ca, Cd, Ce, Co.Cu, Dy, Fe, La, Mg, Mn, Nb, Nd, Ni, Pb, Pr, Sb, Sc, Sn, U, V, Y, Zn.	8-quinolinol	SSMS, XRF
Water	Ba, Co, Cs, Eu, Mn, Zn.	APDTC, DDTC, PAN, 8-quinolinol	XRF
Water	Hg, Methyl mercury	--	GFAAS
Water	Hg(halide)	--	AAS
Water	U	L-ascorbic acid	INAA
HNO_3 water	Ag, Bi, Cd, Cu, Hg, Pb, Zn.	Dithizone	AAS
Mn,MnO_2,	Bi, Cd, Co, Fe, In, Ni,		AAS
Mn salts	Pb, Ti, Zn	Ethyl xanthate	AAS
Al	Cd, Co, Cu, Ni, Pb	Thioacetamide	AAS
Ag, $TiNO_3$	Bi, Co, Cu, Fe, In, Pb	Xylenol orange	AAS
Cr salts	Ag, Bi, Cd, Co, Cu, In, Ni, Pb, Ti, Zn.	HAHDTC	AAS
Se	Cd, Co, Cu, Fe, Ni, Pb, Zn	DDTC	AAS

APDTC: pirrolidinaditiocarbamato de amónio, DDTC: dietilditiocarbamato, HAHDTC: hexametilenoamónio hexaetilenoditiocarbamato, PAN: 1-(2 piridilazo)-2-naftol, INAA: análise instrumental por ativação neutrónica, SSMS: espetrometria de massa com fonte de faísca, XRF: análise de fluorescência de raios X.

Determinação de elementos vestigiais por espetrometria de absorção atómica (AAS)

A espetrometria de absorção atómica é um método de análise elementar em solução (principalmente). É muito sensível, capaz de detetar diferentes elementos e elementos na gama de alguns ppm ou menos (atomização por chama) ou na gama de alguns ppb ou menos (atomização electrotérmica). Na maioria dos casos, não é importante a forma molecular em que o metal se encontra (mede-se a concentração total, em todas as formas moleculares da amostra). A análise do metal pode ser efectuada na presença de muitos outros elementos na amostra, uma vantagem que torna o processo mais simples e poupa muito tempo e erros. O espetrómetro de absorção atómica (AAS) é um dos primeiros instrumentos comerciais modernos para a análise de oligoelementos. Desde o seu aparecimento, tornou-se o "cavalo de batalha" dos laboratórios de análise. Mais tarde, outros métodos, nomeadamente a fluorescência de raios X (XRF) e a espetrometria de plasma indutivamente acoplado (ICP), ameaçaram a sua posição e tornaram-se relativamente difundidos. No entanto, parece que, até hoje, a espetrometria de absorção atómica em todas as suas formas (chama, electrotérmica, geração de hidretos) continua a ser o método mais utilizado.

Teoria da AAS

Na análise de absorção atómica, a solução analisada é aspirada para o espetrómetro, transformada num aerossol e passada para uma chama onde a amostra é dissociada em átomos no estado fundamental. A radiação de uma lâmpada, com um comprimento de onda que pode excitar o átomo analisado, é passada através da chama, onde é absorvida pelos átomos da substância a analisar. A radiação é medida antes e depois da absorção e a quantidade absorvida é proporcional à concentração da substância a analisar.

A lei de Beer-Lambert, tal como indicada na Equação -(3) (uma combinação da lei de Beer e da lei de Lambert), descreve matematicamente a absorvância da luz que passa através de uma solução de amostra (em absorção atómica - população de átomos na chama) em função do comprimento do percurso ótico através da amostra (comprimento da chama) e da concentração das espécies absorventes (átomos no estado fundamental).

$$I_t = I_0 e^{-\varepsilon lc} \qquad (2)$$

$$A = \log I_0/I_t = \varepsilon lc \qquad (3)$$

Onde A é a absorvância (ou densidade ótica), Io a potência da radiação incidente, It a potência da radiação transmitida, ε é a absortividade (coeficiente de absorção no comprimento de onda utilizado para a análise), l é o comprimento do caminho de absorção e c é a concentração de átomos absorventes. Esta equação significa que, ao analisar o mesmo tipo de átomo (por exemplo, Cu) em amostras de concentrações desconhecidas e em soluções padrão de concentrações conhecidas, em que o

se a absorvência permanecer a mesma e o caminho de absorção (comprimento da chama) permanecer o mesmo, a absorvância será uma função linear da concentração de Cu. Deveria ser linear, mas nem sempre o é em toda a gama de concentrações. Por conseguinte, não se pode confiar nos cálculos matemáticos e nas medições analíticas efectuadas utilizando curvas de calibração (embora o trabalho esteja essencialmente limitado à gama em que as linhas de calibração não são demasiado curvas). Não é necessário conhecer os valores de ε e I, uma vez que a absorção atómica é uma técnica comparativa. Mede-se um conjunto de padrões de concentrações conhecidas, prepara-se uma linha de absorvância versus concentração e, para cada leitura de absorvância de amostras com concentrações desconhecidas, encontra-se a respectiva concentração. Nos espectrómetros modernos, isto é feito automaticamente pelo computador do instrumento. Os espectrómetros de absorção atómica lêem a quantidade de luz incidente sem a amostra e com a amostra (após absorção), comparam-nas e apresentam os resultados em unidades de absorvância.

Componente principal do instrumento

O espetrómetro de absorção atómica inclui muitos componentes e pode conter peças que são exclusivas de um modelo especial de um determinado fabricante, mas todos os espectrómetros incluem alguns componentes básicos principais (cuja forma, modo de funcionamento, eficiência, etc., podem mudar de um fabricante para outro), como se mostra nas figuras 1.1, 1.2 e 1.3.

Fonte de radiação: Normalmente uma lâmpada de cátodo oco, que emite luz com um comprimento de onda especial, necessário para excitar os átomos analisados.

Ótico: Um sistema ótico para dirigir a luz da fonte de radiação através dos átomos no estado fundamental no atomizador para o monocromador e para o detetor.

Reservatório de átomos no estado fundamental: Existem dois tipos: (a) um dispositivo para atomização por chama, incluindo um nebulizador que aspira a solução analisada e a passa para a câmara de pulverização, onde é transformada num aerossol fino e passada para o queimador, onde o solvente é evaporado e o composto analisado é dissociado em átomos de estado fundamental; e b) Um dispositivo de atomização electrotérmica (também conhecido como forno de grafite, atomizador de tubo de grafite, vareta de carbono ou atomização sem chama) que inclui um tubo de grafite especialmente revestido (ou copo) que funciona como suporte da amostra e é aquecido por uma corrente eléctrica que passa através de dois eléctrodos de carbono, evaporando assim o solvente e dissociando o composto analisado em átomos no estado fundamental.

Detetor: Um fotomultiplicador que traduz a intensidade residual da luz da lâmpada de cátodo oco, antes e depois da absorção pelos átomos analisados na chama, numa corrente eléctrica e amplifica a corrente.

Dispositivo de manipulação do sinal: Nos instrumentos modernos, um computador que traduz a resposta do detetor em resultados analíticos, calcula as concentrações (em comparação com uma curva de calibração) e os desvios padrão (para além de atuar como um controlo do sistema - seleccionando o comprimento de onda desejado, controlando as proporções e os caudais de combustível-oxidante, etc.).

Dispositivo de leitura: Nos instrumentos mais antigos, eram utilizados contadores, registadores ou dispositivos de leitura digital. Nos instrumentos modernos, são utilizados o ecrã do computador e a impressora.

Para além das diferenças nos componentes, os instrumentos e computadores de diferentes fabricantes diferem no software - a quantidade de automação, "truques" especiais, tratamento de dados e gestão de relatórios

Monocromador. Uma grelha que selecciona o comprimento de onda desejado e o passa para o detetor.

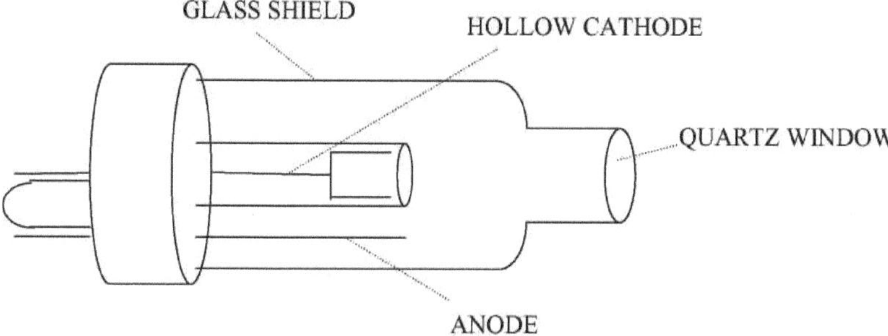

Figura 1.1: Diagrama esquemático de uma lâmpada de cátodo oco

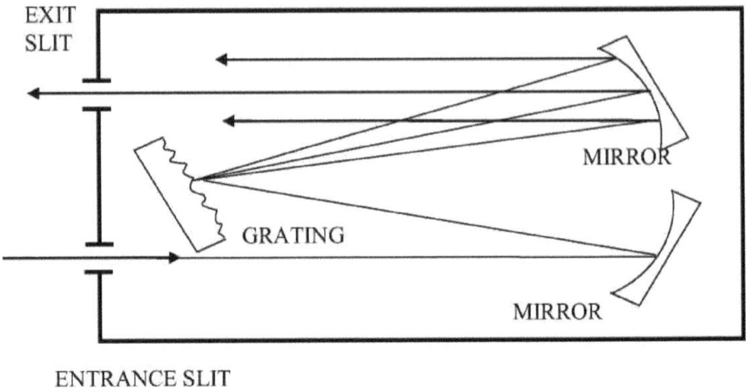

Figura 1.2. Diagrama esquemático de um monocromador

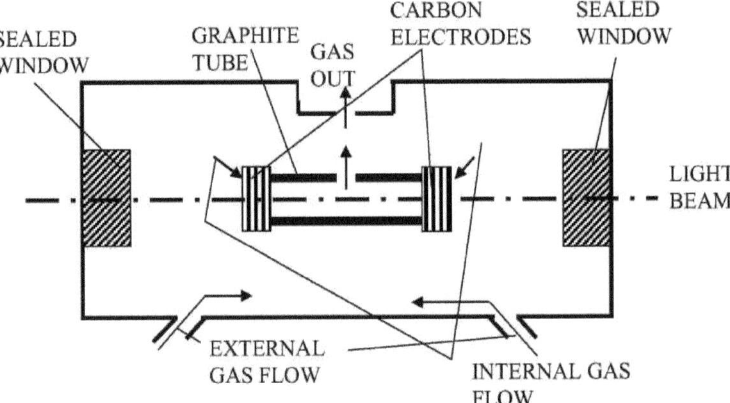

Figura 1.3. Diagrama esquemático de um forno de grafite

Desenvolvimento histórico da espetrometria de massa com plasma indutivamente acoplado (ICP- MS)

A espetrometria atómica é o mais antigo método instrumental de análise inorgânica e as suas origens remontam a meados do século XIX. Nessa altura, Bunsen e Kirchhoff estabeleceram a caraterização espectroscópica dos elementos através da observação ótica da ocorrência de linhas atómicas típicas dos elementos ao pulverizar soluções numa chama. Para além da observação da emissão, foi também mencionada a absorção de linhas específicas de um elemento por um vapor atómico do respetivo elemento. Estas experiências constituem a base da emissão e absorção atómicas modernas como métodos padrão na espetrometria atómica ótica. No entanto, a experiência adquirida com a introdução das soluções também deu origem ao grande número de técnicas de que dispomos atualmente para a introdução de amostras. A espetrometria atómica ótica levou à descoberta de vários elementos e tornou-se realmente importante para a análise elementar quando foram utilizadas novas fontes. Efetivamente, a geometria e a estabilidade das chamas eram excelentes para o trabalho analítico, mas a baixa temperatura (inferior a 2500 K) constituía um grave inconveniente, uma vez que dificultava a sensibilidade para um elevado número de elementos e conduzia também à ocorrência de uma série de interferências graves. A disponibilidade das chamadas fontes de plasma geradas eletricamente veio alterar esta situação. Com estas fontes, obtém-se uma temperatura elevada (superior a 5000 K) num ambiente quimicamente inerte, como é o caso de um dos gases nobres, e a ionização é também considerável. O desenvolvimento de arcos e faíscas alargou a aplicabilidade da espetrometria atómica ótica à análise de sólidos. Tanto a análise de sólidos não condutores como condutores de eletricidade por métodos de arco de corrente contínua como a análise de amostras metálicas por análise de faíscas começaram a tornar-se importantes e mantiveram o seu interesse até agora. Incluem os plasmas acoplados indutivamente e os plasmas de micro-ondas, bem como as descargas de baixa pressão e as fontes laser. Os primeiros são principalmente utilizados para a análise química, ao passo que os últimos são aplicáveis a amostras condutoras e não condutoras de eletricidade e tornaram-se de interesse tanto para a análise em massa como para a análise microdistributiva de sólidos.

O desenvolvimento da espetrometria atómica não só foi iniciado pela investigação sobre as fontes de radiação, como também beneficiou enormemente do desenvolvimento do isolamento espetral. De facto, nas primeiras décadas da espetrometria atómica, os prismas eram a única forma de produzir espectros ópticos. A disponibilidade de grelhas de difração de alta qualidade abriu o caminho para a dispersão recíproca linear mais elevada e para uma resolução linear, tal como exigido por novos problemas na química analítica de lantanídeos e actinídeos, por exemplo. Em resultado deste desenvolvimento, estão atualmente disponíveis poderosos sistemas espectrométricos que permitem determinações sequenciais e simultâneas. Também os desenvolvimentos no domínio dos detectores foram de grande importância. Com efeito, no início da espetrometria atómica ótica, apenas eram utilizadas técnicas espectroscópicas e, mais tarde, a deteção fotográfica para a deteção de radiações. A chapa fotográfica, de processamento difícil e laborioso e, além disso, de baixa precisão, continua a ter a maior cobertura de informação. Os espectrómetros com fotomultiplicadores como detectores de radiação são certamente muito limitados, mas permitem medições de densidade de radiação de muito baixa precisão e fornecem sinais que podem ser diretamente processados em interface com computadores. Por conseguinte, são agora dispositivos padrão nos espectrómetros sequenciais e simultâneos disponíveis no mercado. Com o desenvolvimento de sistemas de deteção de radiações de baixa intensidade decorrentes da astronomia e da investigação espacial, surgiu a utilização da deteção multicanal, que continua a ser utilizada. Daí resultaram os dispositivos de injeção de carga e os dispositivos de carga acoplada, que oferecem técnicas sensíveis para a deteção de comprimentos de onda múltiplos e já estão disponíveis nos espectrómetros de plasma comerciais.

Princípio do Plasma Indutivamente Acoplado

Devido às restrições de temperatura impostas pelas chamas e à possível contaminação do material do elétrodo encontrada com as fontes de ar e os jactos de plasma, foram feitos esforços para realizar uma fonte sem eléctrodos com alta temperatura e alta eficiência de amostragem para análise espectrométrica atómica. Tal fonte foi realizada com o plasma de alta frequência indutivamente acoplado (ICP), que foi descrito para estudos de crescimento de cristais. Esta fonte foi utilizada pela primeira vez para análise espectrométrica de emissão atómica por Greenfield *et. al* [9] e por Wendt e Fassel [10], que a aplicaram na análise de soluções e obtiveram limites de deteção na gama de ng mL^{-1} .

O ICP não está completamente em equilíbrio térmico local. De facto, as temperaturas de excitação determinadas a partir de rácios de intensidade de linhas provenientes do mesmo nível de ionização de um elemento são de cerca de 6000 K [11], enquanto as temperaturas rotacionais determinadas, por exemplo, a partir de bandas OH ou de bandas N^+_2 são de cerca de 4000 K [11]. Além disso, a linha calculada entre iões e átomos demonstra uma sobre-ionização no ICP. Esta discrepância desaparece quando as temperaturas de ionização são tomadas para o cálculo, tal como demonstrado num artigo de ponta de De Galan *et. al* [12]. Alguns destes factos podem ser explicados considerando os mecanismos de excitação e ionização relevantes:

a)   Impacto de electrões

$$Ar + e^- \rightarrow Ar^*, Ar^+ \text{ and } Ar^m \text{ (metastable levels of argon at 11eV)}$$

$$M + e^- \rightarrow M^*, M^{*+} \tag{4}$$

b) Aprisionamento de radiação

$$Ar + h\nu \rightarrow Ar^+ \tag{5}$$

c) Recombinação radiativa

$$M^+ + e^- \rightarrow M + h\nu \tag{6}$$

e) Transferência de carga

$$Ar^+ + M \rightarrow Ar + M^{+*} \tag{7}$$

e) Efeito Penning

$$Ar^m + M \rightarrow Ar + M^{+*} \tag{8}$$

Este último mecanismo poderia explicar a sobre-ionização do analito, enquanto o facto de o árgon metaestável ser facilmente ionizado (o potencial de ionização do árgon é de 15,9 eV, ou seja, apenas 4 eV acima dos níveis metaestáveis) poderia explicar as elevadas densidades do número de electrões. Isto explicaria porque é que as interferências de ionização causadas por elementos alcalinos são moderadas, uma vez que o plasma é tamponado com electrões. No entanto, em trabalhos mais recentes, em que as densidades do número de electrões e as temperaturas dos electrões são determinadas com elevada resolução espacial (utilizando um feixe de electrões focalizado, os electrões lentos emitidos pelos átomos que compõem as camadas profundas perdem energia por colisão e não contribuem para as linhas características do espetro) e com o auxílio da dispersão de Thomson (dispersão não relativista da radiação electromagnética por partículas carregadas livres ou fracamente ligadas), foi demonstrado que muitos dos efeitos descritos podem também ser devidos à predominância de diferentes mecanismos em diferentes locais do ICP [13, 14].

Teoria da espetrometria de massa com plasma

A espetrometria de massa com plasma, com iões em vácuo moderado (gama Mbar) e à pressão atmosférica, teve início nos anos sessenta, quando a amostragem de iões em várias fontes, como chamas, foi realizada principalmente para fins de diagnóstico. O seu avanço ocorreu com o trabalho de Houk *et. al* [15], que utilizaram o plasma indutivamente acoplado como fonte de iões (ICP-MS). Já no seu primeiro trabalho, conseguiram mostrar que o poder de deteção do ICP-MS era superior ao de outros métodos e que as interferências espectrais, especialmente em massas mais elevadas, eram baixas em comparação com a espetrometria de emissão atómica. Este desenvolvimento foi apenas

possível porque nos anos setenta os espectrómetros de massa passaram por um desenvolvimento tanto no que diz respeito à relação preço/desempenho como à sua resolução. Em particular, o desenvolvimento de espectrómetros de massa quadrupolo de alta qualidade foi de importância primordial. Entretanto, o ICP-MS tornou-se um instrumento importante para a análise de traços.

Instrumentação

No ICP-MS, os iões são extraídos da zona analítica com a ajuda de uma abertura metálica cónica (amostrador). O diâmetro da abertura situa-se entre 0,3 e 1 mm. Para valores mais pequenos, o diâmetro é limitado pela espessura crítica da camada limite fria. Abaixo destes valores limite de mg, o diâmetro é limitado pela pressão na fase intermédia, que não deve ser superior a alguns mbar. A esta dimensão da abertura, deve ser utilizada uma bomba de óleo potente ou uma bomba turbo-molecular, de modo a fornecer o vácuo necessário. O coletor de amostras pode ser fabricado em diferentes metais. Tanto o cobre como o níquel podem ser utilizados. Quando a solução do analito contém ácidos agressivos, como o HF ou o HNO_3 , como é frequentemente o caso na análise de amostras geológicas, os colectores de Pt podem ser úteis. Nesse caso, foi também considerado útil nebulizar uma solução contendo Ti durante mais tempo, de modo a cobrir o amostrador com uma camada protetora [16]. Ao utilizar um amostrador com um ângulo de cone de 120° , verificou-se que a estabilidade do plasma e a extração de iões eram óptimas. No vácuo intermédio do espetrómetro de massa, o ângulo de cone do skimmer (c.a.) é de 55o. O vácuo no espetrómetro de massa é mantido com a ajuda de difusão ou de uma bomba criogénica. O espetrómetro de massa com plasma indutivamente acoplado é apresentado na figura 1.4.

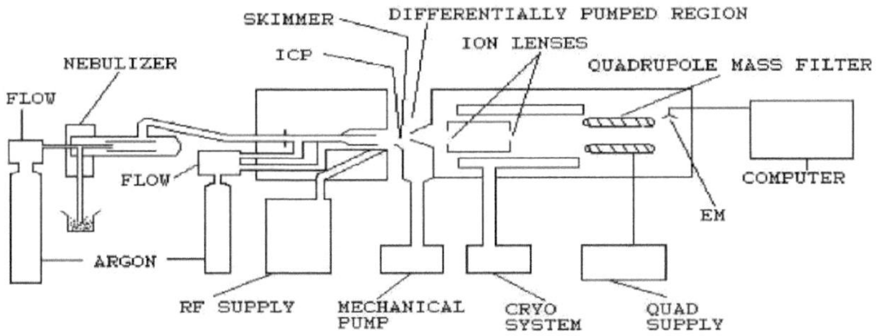

Figura 1.4: Instrumentação do ICP-MS

Obtém-se uma transmissão elevada de iões a uma distância de 5-10 mm entre o amostrador e a escumadeira. No vácuo intermédio, iões de alta energia, radicais, moléculas e electrões dão origem a uma série de reacções, através das quais se forma uma série de compostos, nomeadamente: a) Compostos metálicos

a) Compostos metálicos

$$MO \rightarrow MO^+ + e^-$$

$$M + Cl, N, \rightarrow MCl^+, MN^+, \quad\quad (9)$$

b) Compostos de árgon

$$Ar + H_2O \rightarrow ArO^+, ArH^+, ArOH^+$$

$$Ar + Cl, N \rightarrow ArCl^+, ArNH^+,...$$

$$2Ar \rightarrow Ar_2^+ + e^- \quad\quad (10)$$

A presença destes iões agrupados (estes iões podem ser formados como resultado de diferentes processos e podem provir de: solvente e ácidos, iões de gases da atomosfera circundante e reacções das espécies acima mencionadas com árgon) dá origem a interferências espectrais com os sinais do ião analito. Isto é especialmente verdade no caso dos espectrómetros de massa quadrupolo, que têm apenas uma resolução de massa unitária. Para manter estas interferências a um nível tolerável, os ácidos como o HCl, o H3PO4 e o H2SO4 não devem estar presentes no e esta deve ser substituída por HNO3. No entanto, as condições de trabalho, como a profundidade de amostragem, o fluxo de gás aerossol e os parâmetros da ótica iónica, também influenciam o grau de interferência.

Figura de mérito analítico da ICP-MS

O ICP-MS tem as vantagens de todas as formas de introdução de amostras conhecidas do ICP-AES, as possibilidades de uma calibração fácil com soluções sintéticas ou por adição de padrões, bem como as possibilidades de determinações rápidas e flexíveis de múltiplos elementos. O seu poder de deteção está ao mesmo nível para a maioria dos elementos e é muito superior ao da ICP-AES. Os espectros de massa ICP, neste caso de espectrómetros de massa quadrupolo, têm uma resolução de 1 Dalton (unidade de massa igual ao peso atómico de um átomo de hidrogénio ou $1,657 \times 10^{-24}$ g). Por conseguinte, os iões de agregação podem causar interferências espectrais consideráveis com os iões do analito, especialmente a baixas massas. Os iões de agregação podem formar-se em resultado de processos que podem ter origem em

- Solvente e ácidos: H^+, OH^+, $11_2 O'$,... NO^+, $NO2^+$, ... Cl^+ (no caso do HCl), $SO2^+$, SO^+, $SO3H^+$ (quando está presente H2SO4 residual)

- Gases da atmosfera circundante: O_2^+, CO^+, CO_2^+, N_2^+, NH^+, NO',.

- Reacções das espécies acima mencionadas com árgon: ArO^+, $ArOH^+$, $ArCL^+$, $Ar2^+$.

Estes iões aglomerados causam interferências especialmente na gama de massas abaixo de 80 dalton e podem dificultar seriamente a determinação dos elementos leves. Além disso, vários compostos, como MO', MCl', $MO1'$, $MO12'$, são formados em resultado da dissociação de nitratos, sulfatos ou fosfatos no ICP ou são formados por reacções de iões do analito com solvente ou oxigénio no plasma e, eventualmente, também no vácuo intermédio. A formação destas espécies depende muito das condições de trabalho, tal como foi amplamente estudado por Horlick *et. al* [17]. Para o reconhecimento de interferências na ICP-MS, a utilização das razões isotópicas dos elementos pode ser muito útil.

Os espectros ICP-MS são, por conseguinte, muito menos sofisticados do que os espectros de emissão

ICP, mas o poder de resolução dos espectrómetros de massa utilizados na maioria dos casos é também muito inferior. Devido aos diferentes tipos de iões aglomerados que podem ser formados, em muitos casos ocorrerão interferências espectrais e terão de ser elaborados métodos de correção. Nos espectros de massa ICP, o fundo espetral é baixo e é principalmente determinado pela corrente de escuridão (a corrente geralmente fraca que flui através de uma célula fotocondutora, como o tubo da câmara, quando está desligada) do detetor utilizado ou pela dispersão de iões no espetrómetro de massa. Os limites de deteção do ICP-MS situam-se ao nível de sub-ng mL^{-1} no Quadro 1.3 [18]. Os limites de deteção para a maioria dos elementos são da mesma ordem de grandeza. O facto de, para alguns elementos, os limites de deteção serem mais elevados deve-se a interferências isobáricas. Isto aplica-se ao As (interferência de $^{75}As^+$ com $^{40}Ar^{35}Cl^+$), ao Se (interferência de $^{80}Se^+$ com $^{40}Ar^{40}Ar^+$) e ao Fe (interferência de $^{56}Fe^+$ com $^{40}Ar\,O^{16+}$). Para estes elementos, o ácido presente na solução do analito também é importante. Também para os elementos de que é feito o amostrador (por exemplo, Ni, Cu), os limites de deteção podem ser mais elevados. No caso de elementos com energias de ionização elevadas, como os halogéneos, podem também ser obtidos limites de deteção baixos com iões negativos (por exemplo, para Cl^+ :5 e para Cl^- : 1 ngmL^{-1}) [19].

Aplicações

O ICP-MS tem sido utilizado em todos os domínios em que o ICP-AES é aplicado, mas em que era necessário um maior progresso no poder de deteção. É o caso da análise de vestígios em amostras geológicas e, em especial, em amostras hidrogeológicas, bem como em determinações de vestígios de metais, em biologia e medicina, bem como em análises ambientais. Este último caso é particularmente verdadeiro quando se trata de trabalhos de especiação.

Tabela 1.3: Limites de deteção em ICP-AES e ICP-MS [18]

Element	Detection Limit(ng/ml)	
	ICP-AES	ICP-MS
Ag	7	0.03
Al	20	0.2
As	50	0.04
Au	20	0.06
B	5	0.04
Cd	3	0.06
Ce	50	0.05
Co	6	0.01
Cr	6	0.3
Ge	50	0.02
Fe	5	---
Hg	20	0.02
In	60	0.07
La	10	0.05
Li	80	0.1
Mg	0.1	0.7
Mn	1	0.1
Ni	10	---
Pb	40	0.05
Se	70	0.8
Te	40	0.09
Th	60	0.02
Ti	4	---
U	250	0.03
V	5	---
W	30	0.05
Zn	2	0.2

Para amostras biológicas e médicas, o ICP-MS permite alargar consideravelmente o número de elementos que podem ser determinados diretamente nos fluidos corporais. De facto, no soro, por exemplo, apenas Na, Ca, Mg, Fe, Cu e Zn podem ser determinados diretamente por ICP-AES, ao passo que, com ICP-MS, será também um instrumento importante para o estudo da biodisponibilidade de oligoelementos. O ICP-MS já foi utilizado bastante cedo na determinação de concentrações normais de oligoelementos em amostras clínicas [20, 21].

Para a análise ambiental, a ICP-MS é uma técnica muito promissora devido ao seu elevado poder de deteção. Especialmente no caso da água potável, é possível efetuar diretamente a determinação de quase todos os elementos relevantes. No caso das águas residuais, as possíveis interferências foram estudadas em pormenor por Hywel Evans e Giglio [22], que descreveram procedimentos de otimização para minimizar as interferências, para além de estudos de análise fatorial para o tratamento de grandes colectivos de dados. Para determinações directas na água do mar, o seu teor é demasiado elevado.

Neste caso, devem ser aplicados procedimentos de extração líquido-líquido ou técnicas de sorção para isolar os elementos a determinar. Beuchemin *et al* [23] descreveram a utilização de uma coluna de SiO2 carregada com 8-hidroxiquinolona, o que lhe permitiu efetuar um pré-enriquecimento de Ni, Cu, Zn, Mo, Cd, Pb e U 50 *vezes superior*. Na água do rio, Na, Mg, K, Ca, Al, V, Cr, Mn, Cu, Zn, Sr, Mo, Sb, Ba e U podem ser determinados diretamente e Co, Ni, Cd e Pb podem ser medidos após o pré-enriquecimento acima mencionado. A diluição isotópica (uma quantidade conhecida do elemento com uma comparação isotópica conhecida mas diferente daquela a que a amostra é adicionada e intensamente misturada) também forneceu os resultados mais exactos [24].

A aplicação da técnica ICP-MS reflecte-se no número de artigos publicados desde o início dos anos 80, como mostra a Figura 1.5.

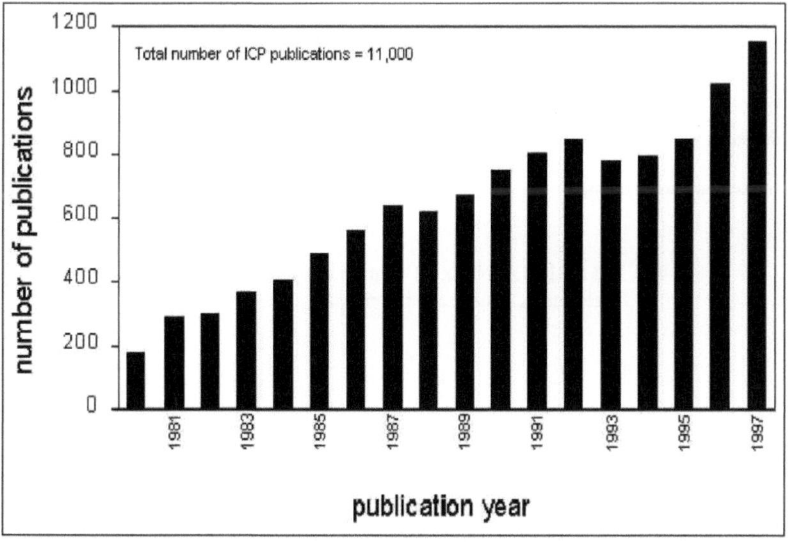

Figura 1.5: Frequência dos artigos publicados sobre ICP-MS com base num inquérito de 1998 [25]

Métodos comparativos de análise elementar

Em comparação com outros métodos de análise elementar, a espetrometria atómica com plasma apresenta uma série de características analíticas interessantes. As suas características devem ser comparadas com as da espetrometria de absorção atómica, da espetrofotometria e da espectrofluorimetria, bem como com a espetrometria de raios X e os métodos electroquímicos, não só em termos de poder de deteção, precisão analítica em termos de erros sistemáticos, mas também no que diz respeito à sua instrumentação e custo operacional quando se trata da sua aplicação na análise de vestígios. O quadro 1.4 apresenta um levantamento dos valores de mérito analítico dos métodos espectrométricos atómicos.

Poder de deteção

Os limites de deteção da espetrometria de emissão de plasma situam-se ao nível de 1-20 ng/ml e os da espetrometria de massa ICP ao nível de sub-ng/ml. Este facto faz com que esta última seja uma das técnicas mais sensíveis na análise elementar. Apenas para os elementos leves, como o Mg e o B, ou para os elementos de interferência, como o Fe, a ICP-AES e, neste último caso, outros métodos como a fluorescência de raios X de reflexão total [26] podem ser mais adequados. Para a análise de sólidos, tanto a ICP-AES como a ICP-MS utilizam soluções, com exceção de algumas técnicas que permitem a amostragem direta de sólidos. Por conseguinte, tanto as perdas no poder de deteção como o tempo envolvido na dissolução da amostra são desvantagens. Este ponto também se aplica à AAS e aos métodos electroquímicos, mas não às descargas luminescentes, que, especialmente no caso da espetrometria de massa direta de sólidos, é atualmente o método mais sensível em muitos casos.

Tabela 1.4: Números de mérito dos métodos de
determinação elementar por espetrometria atómica
[5]

Method	Power of Detection	Matrix Effects	Costs
Atomic absorption			
*Flame	++	+	+
***Furnace**	+++	+++	++
Atomic emission			
* Flame	+	+++	+
* Arc/spark	++	+++	+++
*inductively coupled plasma	++	+	++
* microwave discharges	++	+++	+
* DC plasmas	++	++	++
* Glow discharges	++	+	++
* laser	++	+	++
Laser atomic Fluorescence	+++	++	+++
Laser enhanced Ionization	+++	+	+++
Mass spectrometry			
* thermionic	+++	+++	+++
inductively coupled plasma+++		++	++
*Glow discharge	+++	+	++
X-ray spectrometry			
*** Fluorescence**	++	+++	+++
* total reflection	+++	++	++
* electron microprobe	+++	++	+++

+ baixo, ++ médio e +++ muito alto.

As vantagens do ICP-MS para a análise elementar são as seguintes: o seu limite de deteção é muito baixo (ppt) com muito boa exatidão e precisão. Oferece uma ampla gama dinâmica linear e permite a aquisição rápida de espectros de massa. Esta técnica tem também a capacidade de efetuar análises multielementos e isotópicas a uma velocidade muito elevada [27, 28].

Exemplo de introdução

O primeiro e, em muitos casos, o mais importante passo em cada determinação em química analítica, nomeadamente a amostragem, infelizmente raramente recebe a devida atenção. Isto deve-se, como já foi formulado por muitos autores, ao facto de os erros cometidos durante a amostragem já não poderem ser corrigidos. Com as possibilidades actuais de análise de traços e ultra-traços, a amostragem ganhou maior importância. No âmbito desta introdução, apenas será discutido o processo que desempenha um papel na amostragem. Neste contexto, o termo "amostragem" não deve ser equiparado ao termo "amostragem" utilizado na literatura científica, uma vez que este termo inclui todos os processos que devem ser efectuados antes das medições, incluindo o armazenamento e a preparação de amostras (solução, desintegração, separação, concentração, etc.). No decurso desta discussão sobre a amostragem, o procedimento de armazenamento e conservação das amostras é tratado, uma vez que uma amostragem correcta e hábil inclui estas questões. É de notar que cada procedimento de amostragem está fortemente ligado ao armazenamento, à preparação, ao método analítico e à avaliação dos resultados [29].

Injeção de fluxo

Na presente técnica de injeção em fluxo (FI), foi utilizado um sistema simples de geração de hidretos (HG) de fluxo contínuo sem o separador de fases gás-líquido convencional como dispositivo de introdução de amostras para a análise por injeção em fluxo-ICP-MS [30, 31]. Com este sistema, apenas é necessária uma modificação mínima e pouco dispendiosa do equipamento normalizado existente. Estas combinações da técnica (FI) com o ICP-MS requerem um consumo mínimo de amostra (- 100 μL por injeção) com uma elevada taxa de amostragem. Trata-se de uma técnica muito simples e rápida. Reduz também os problemas de interferências da matriz [32].

Geração de hidretos

Alguns elementos formam hidretos, que são gasosos à temperatura ambiente. Estes podem ser facilmente gerados a partir de uma solução aquosa num ambiente redutor. O mercúrio é reduzido à sua forma elementar volátil na mesma reação. O método mais frequentemente utilizado para a formação de hidretos é a reação ácido-borohidreto:

$$NaBH_4 + 3H_2 O + HCl \rightarrow H_3 BO_3 + NaCl + 8H\text{--}E^{m+} \text{-----------} \rightarrow E\ Hn + H_2$$

Em que E = elemento de interesse para a formação de hidretos e m pode ou não ser igual a n.

Foram utilizadas diversas variações experimentais para efetuar esta reação, tais como agentes redutores alternativos ou ácidos. Embora a geração do hidreto em si seja relativamente simples, é essencial que seja transportado de forma quantitativa e reprodutível, e introduzido com uma distribuição mínima do plasma [33, 34]. Os métodos de geração de hidreto por lotes envolvem a reação de uma alíquota da solução de amostra com uma alíquota de $NaBH_4$ numa seringa. A agulha da seringa é então inserida no tubo de absorção do ICP e os produtos gasosos são injectados diretamente no plasma.

Interferências

Em comparação com a AAS em forno de grafite, as interferências na ICP-AES e na ICP-MS são baixas. No caso da ICP-AES, as interferências resultam principalmente de interferências espectrais, pelo que a separação da matriz, especialmente no caso de matrizes com espectros ricos em linhas (por exemplo, Zr), é a única solução, apesar da disponibilidade de uma correção de fundo instrumental altamente sofisticada. No ICP-MS, a influência dos constituintes da matriz nos sinais é muito maior. No entanto, quando não ocorrem interferências espectrais, que podem ser testadas de forma inteligente através dos padrões isotópicos, a calibração por adição de padrões pode frequentemente resolver o problema das interferências. No caso dos elementos leves, especialmente os iões de cluster, podem causar interferências espectrais. O mesmo se passa com alguns elementos pesados, mas neste caso é mais fácil efetuar um controlo e, à medida que se aumenta o número de isótopos presentes, o problema pode muitas vezes ser resolvido. No caso dos sólidos, não é frequentemente possível obter limites de deteção baixos com a determinação dos constituintes vestigiais na presença da matriz, porque o ICP-MS só pode tolerar baixos teores de sal. Neste caso, devem ser aplicados procedimentos analíticos combinados, incluindo a remoção da matriz. No entanto, para além do ICP-MS, a fluorescência de raios X de reflexão total também se tornou muito útil, uma vez que os seus limites de deteção absolutos se situam na gama pg e as determinações multielementos são efectuadas muito rapidamente. No entanto, os elementos leves não podem ser determinados. O forno de grafite AAS é um instrumento mais barato em comparação com outros instrumentos, mas só pode analisar soluções monoelementares para o problema, tal como acontece nos métodos analíticos. No caso da análise direta de sólidos, as descargas incandescentes, especialmente na espetrometria de massa, têm um elevado poder de deteção e uma elevada precisão, especialmente quando comparadas com a anterior espetrometria de massa com fonte de faísca.

Uma das limitações das técnicas ICP-MS [35] é o facto de o teor total de soluto da amostra dever ser inferior a 0,2%. Apresenta poucas interferências potenciais do espetro de fundo e apresenta matriz durante as medições. A deriva do sinal pode ser observada e a discriminação de massa encontrada nesta técnica.

Aspectos económicos

A determinação de quantidades vestigiais e ultra-vestígios de elementos em amostras biológicas e ambientais tem sido e continua a ser objeto de numerosas investigações. A espetrometria de absorção atómica (AAS), a espetrometria de emissão atómica (AES), a emissão de raios X induzida por protões (PIXE) e a análise por ativação neutrónica (NAA) têm sido frequentemente utilizadas para a determinação de elementos vestigiais na água.

A técnica AAS tem a desvantagem de só poder determinar um elemento de cada vez; no caso da NAA, as principais desvantagens são a necessidade de um reator nuclear e o facto de os resultados serem normalmente obtidos após um período relativamente longo (até várias semanas para alguns elementos). Por conseguinte, era necessário um método alternativo e, a partir de cerca de 1980, foram feitas tentativas para utilizar a espetrometria de massa com plasma indutivamente acoplado (ICP-MS) para este fim [36]. Enquanto o ICP-AES se tornou consideravelmente mais barato nos últimos anos, em resultado da racionalização da conceção dos instrumentos e do desenvolvimento de ICPs de baixo consumo, com menor consumo de gás e de energia, o ICP-MS continua a ser um método caro. No entanto, quando se considera a capacidade multielementos e o poder de deteção, torna-se acessível para os laboratórios de análise de rotina. Para uma série de problemas analíticos difíceis, como a especiação em ciências da vida, problemas ambientais e biológicos, bem como para a caraterização de metais refractários para microeletrónica, torna-se frequentemente a única abordagem analítica disponível. É muito mais fiável do que a espetrometria anteriormente conhecida [18, 28, 37]. Foi demonstrado que o ELAN 6000 ICP-MS está em conformidade com os requisitos dos métodos da Agência de Proteção Ambiental (EPA) [38].

Assim, a partir da revisão, conclui-se que a utilização de métodos ICP-MS com o modelo Elan 6000 e de métodos GF-AAS após pré-concentração para a determinação e especiação de metais pesados e vestigiais na água potável é uma área de investigação bastante nova e rápida, que pode fornecer uma análise muito precisa e exacta ao nível de ppt com um custo mínimo.

Determinar a qualidade e a quantidade de metais pesados e tóxicos na água potável fornecida pelo município (departamento de saúde pública), várias fábricas comerciais de água potável, utilizando GFAAS e ICP-MS. Comparar os resultados obtidos neste estudo com com as directrizes de qualidade da água potável da OMS e da Malásia. As directrizes padrão são apresentadas nos quadros 1.5, 1.6 e 1.7.

Tabela 1.5: Substâncias químicas de importância para a saúde na água potável (constituintes inorgânicos)

Guideline value $\mu g\ mL^{-1}$	Remarks
antimony	0.005 (P)
arsenic	0.01b(P) For excess skin cancer risk of 6 x 10^{-4}
barium	0.7
beryllium	NAD
boron	0.3
cadmium	0.003
chromium	0.05 (P)
copper	2 (P) ATO
cyanide	0.07
fluoride	1.5 Climatic conditions, volume of water consumed and intake from other sources should be considered when setting national standards.
lead	0.01 It is recognized that not all water will meet the guideline value immediately; meanwhile, all other recommended measures to reduce the total exposure to lead should be implemented
manganese	0.5 (P) ATO
mercury(total)	0.001
molybdenum	0.07
nickel	0.02
nitrate (as NO_3^-)	50 }The sum of the ratio of the concentration
nitrite (as NO_2^-)	3 (P) }of each to its respective guideline value should not exceed 1.
selenium	0.01
uranium	NAD

Fonte: WHO (1992) [39]

Nota: (P)-valor de referência provisório. Este termo é utilizado para os constituintes para os quais existem algumas provas de um perigo potencial, mas em que a informação disponível sobre os efeitos na saúde é limitada.

NAD-Não existem dados adequados para permitir a recomendação de um valor de referência para a saúde. ATO-Concentrações da substância iguais ou inferiores ao valor de referência para a saúde podem afetar o aspeto, o sabor ou o odor da água.

Tabela 1.6: Critérios da Norma Nacional Interina de Qualidade da Água (INWQS) para a Malásia

Parameter	Unit	Class					
		I	IIA	IIB	III	IV	V
Temperature	°C	-	Norm al±2	-	Norma l±2	-	-
Dissolved Oxygen (DO)	µgm L^{-1}	7	5-7	5-7	3-5	<3	<7
pH value	---	6.5-8.5	6-9	6-9	5-9	5-9	-
Chemical Oxygen Demand (COD)	µg mL^{-1}	10	25	25	50	100	>100
BOD	µgmL^{-1}	1	3	3	6	12	>12
Suspended solid	µg mL^{-1}	25	50	50	150	300	>300
Mercury, Hg	µg mL^{-1}	N.L.	0.001	0.001	0.004	0.002	-
Cadmium,Cd	µg mL^{-1}	N.L.	0.01	0.01	0.01	0.01	-
Chromium	µg mL^{-1}	N.L.	0.05	0.05	1.4	0.1	-
Arsenic	µg mL^{-1}	N.L.	0.05	0.05	0.4	0.1	-
Cyanide	µg mL^{-1}	N.L.	0.02	0.02	0.06	-	-
Lead	µg mL^{-1}	N.L.	0.05	0.05	0.02	5	-
Chromium	µg mL^{-1}	N.L.	-	-	2.5	-	-
Copper	µg mL^{-1}	N.L.	1	1	-	0.2	-
Manganese	µg mL^{-1}	N.L.	0.1	0.1	0.1	0.2	-
Nickel	µg mL^{-1}	N.L.	0.05	0.05	0.9	0.2	-
Tin	µg mL^{-1}	N.L.	-	-	0.004	-	-
Zinc	µg mL^{-1}	N.L.	5	5	0.4	2	-
Boron	µg mL^{-1}	N.L.	1	1	-(3.4)	0.8	-
Iron	µg mL^{-1}	N.L.	0.3	0.3	1	1	-
Phenol	µg mL^{-1}	N.L.	10	10	-	-	-
Free Chlorine	µg mL^{-1}	N.L.	-	-	-(0.02)	-	-
Sulphide	µg mL^{-1}	N.L.	250	250	-	-	-
Oil & Grease	µg mL^{-1}	N.L.	7000	7000	N	-	-
E. Coli	µg mL^{-1}	10	100	400	5000	5000	-
Chloride	µg mL^{-1}	N.L.	200	200	(2000)	(2000)	-
Ammoniacal Nitrogen	µg mL^{-1}	0.1	0.3	0.3	-	-	-
Salinity	µg mL^{-1}	0.5	1	-	0.9	0.9	>2.7

Fonte: Departamento do Ambiente (1994) [40]

Quadro 1.7: Normas A e B da Lei da Qualidade do Ambiente, 1974, Regulamentos da Qualidade do Ambiente, 1979 [Regulamento 8(1), 8(2), 8(3)]

Parameter	Unit	Standard A	Standard B
Temperature	^{o}C	40	30
pH value	-	6.0-9.0	5.5-9.0
COD	$\mu g\ mL^{-1}$	50	100
BOD	$\mu g\ mL^{-1}$	20	50
Suspended solid	$\mu g\ mL^{-1}$	50	100
Mercury, Hg	$\mu g\ mL^{-1}$	0.005	0.05
Cadmium,Cd	$\mu g\ mL^{-1}$	0.01	0,02
Chromium (VI)	$\mu g\ mL^{-1}$	0.05	0.05
Arsenic	$\mu g\ mL^{-1}$	0.05	0.10
Cyanide	$\mu g\ mL^{-1}$	0.05	0.10
Lead	$\mu g\ mL^{-1}$	0.10	0.50
Chromium (III)	$\mu g\ mL^{-1}$	0.2	1.00
Copper	$\mu g\ mL^{-1}$	0.20	1.00
Manganese	$\mu g\ mL^{-1}$	0.20	1.00
Nickel	$\mu g\ mL^{-1}$	0.20	1.0
Tin	$\mu g\ mL^{-1}$	0.20	1.0
Zinc	$\mu g\ mL^{-1}$	1.0	1.0
Boron	$\mu g\ mL^{-1}$	1.0	4.0
Iron	$\mu g\ mL^{-1}$	1.0	5.0
Phenol	$\mu g\ mL^{-1}$	0.001	1.0
Free Chlorine	$\mu g\ mL^{-1}$	1.0	2.0
Sulphide	$\mu g\ mL^{-1}$	0.5	0.5
Oil & Grease	$\mu g\ mL^{-1}$	ND	10.0

Fonte: Departamento do Ambiente (1994) [40].

Referências

1. Parker, S. P (1994). "McGraw-Hill dictionary of science and technical terms". 5th ed.

   W. Alemanha, McGraw-Hill.

2. Dietrich. B, (1992). "Especiação de elementos vestigiais em materiais biológicos: Trends and Problems". *Analyst*, **117**; 555-557.

3. Van Loom, J. C e Barefoot, R (1992) "Overview of analytical methods for elemental speciation". *Analyst*, **117**; 563-570.

4. Minzewski, J e Chwastowska (1982) "Speciation and preconcentration methods in in inorganic trace analysis". Ellis, Horwood.

5. Zeev, B. Alfassi (1994). "Determination of Trace Elements". Nova Iorque (EUA); VCH.

6. Zplotov, Yu, A, e Kuz'min, N. M (1990) "Preconcentração da análise de traços".

   Londres; Elsevier.

7. Mizuike, A (1983) "Environmental techniques for inorganic trace analysis". Tóquio; Springer-Veringer.

8. Peraniemi, S e Ahlgren, M (1995) "Separação de quantidades de microgramas de Cr(III) e Cr(VI) em soluções aquosas e determinação por espetrometria de fluorescência de raios X por dispersão de energia". *Anal. Chim. Ata.* **315**; 365-370.

9. Greenfield, S., Jones, I. L e Berry, C. T (1964) "High-pressure plasmas as spectroscopc emmission sources". *Analyst*, **89**; 713-720.

10. Wendt e Fassel (1965). "Excitação espectrométrica por plasma indutivamente acoplado". *Anal. Chem.*, **53**; 920-922.

11. Ihhii , I e Montaser, A (1991). "Uma discussão tutorial sobre medições de temperatura rotacional em plasmas indutivamente acoplados". *Spectrochim. Ata,* **46B**; 11971206.

12. Galan, L. D (1984). "Algumas considerações sobre o mecanismo de excitação no plasma de árgon indutivamente acoplado". *Spectrochim. Ata*, **39B**; 537-550.

13. Huang, M., Yang, P.Y., Hanselman, D. S. e Hieftge, G. M. (1990). "Verificação de uma distribuição Maxwelliana de energia eletrónica no ICP". *Spectrochim. Ata*, **45B**; 511-520.

14. Huang, M., Yang, P.Y., Hanselman, D. S., Yang, P.Y. e Hieftge, G. M. (1992). "Isocontour maps of electrron temperature, electron number density and gas kinetic in the Ar inductively coupled plasma obtained by laser- light Thomson and Rayleigh scattering". *Spectrochim. Ata,* **47B** ;

765-785.

15. Houk, Fassel, A. V, Gray, Gand Taylor, E (1980). "Inductively coupled Argon plasma as an source for massspectrometric determination of trace elements." *Anal. Chem*; **52**; 2283-2289.

16. Lichte, F. E. Allen, L. M e Crock, J. G (1987). "Determinação dos elementos de terras raras em materiais geológicos por espetrometria de massa com plasma indutivo". *Anal. Chem*; **59**; 1150-1157.

17. Horlick, G., Tan, S. A., Vaughan e Rose, C. A (1985). "The effect of plasma operating parameters on analyte signals in in inductively coupled plasmamass spectrometry". *Spectrochim. Ata*, **40B**; 1555-1572.

18. Pruszkowski, E., Neubauer, K. e Thomas, R. (1998) "An overview of clinical applications by inductively coupled plasma mass spectrometry". *At. Spectros*, **19(3)** ; 111-120.

19. Fulford,J. E e Quan, E. S. K (1988). "Iões negativos na espetrometria de massa com plasma indutivamente acoplado". *J. App. Spectrosc*, **43**; 425-428.

20. Perez, A. Paya e mousty (1992). "Comparação de ICP-AES e ICP-MS para a análise de elementos vestigiais em extractos de solo." *Int. J. Environ. Anal. Chem*, **51**; 221-230.

21. Lyon, T. D. B., Fell, G. S., Hutton, R. C. e Eaton, A. N. (1988) "Evaluation of inductively coupled argon plasma mass spectrometry (ICP-MS) for simultaneous multi-element trace analysis in clinical chemistry". *J. Anal. At. Spectrom*, **3**; 265271.

22. Evans, E. H. e Giglio, J. J. (1993) "Interferências na espetrometria de massa com plasma indutivamente acoplado". *J. Anal. At. Spectrom*, **8**; 1-18.

23. Beauchemin, D., , Mclaren, J. W., Mykytiuk, A. P e Berman, S. S, (1988). "Determinação de metais vestigiais num material de referência de água do oceano por espetrometria de massa com plasma indutivamente acoplado". *J. Anal. At. Spectrom*, **3**; 305-308.

24. Mclaren, J. W., Beauchemin, D e Berman, S. S, (1987). "Aplicação da espetrometria de massa de plasma indutivamente acoplado de diluição de isótopos à análise de sedimentos marinhos". *Anal.Chem*; **59**; 610-613.

25. "Frequência dos artigos publicados sobre ICP-MS com base num inquérito de 1998.". (1998). *App. Spectrosc*, **52/11**.

26. Klockenkamper, R., Knoth, J., Prange, A. e Schwenke, H. (1992) " Total-reflectionX-ray fluorescence spectroscopy." *Anal. Chem*, **64**; 1115-1123.

27. Nam, S-H., Lim, J-S e Montaser, A. (1994) " High-efficiency Nebulizer for argon inductively coupled plasma mass spectrometry." *J. Anal. At. Spectrom*, **9**; 13591362.

28. Zhou, H. (1997) "A determinação simultânea de 15 elementos tóxicos em alimentos por ICP-MS". *At. Spectrosc*, **18(4)**; 115-118.

29. Chambers, D. M. e Hieftjet, G. M. (1991) "Fundamental studies of the sampling process in an inductively coupled plasma mass spectrometer-II. Ion kinetic energy measurements". *Spectrochim. Ata*, **46B**; 761-784.

30. Fang, Z., Xu, S. e Tao, G. "Developments and trends in flow injection atomic absorption spectrometry". *J. Anal. At. Spectrom*, **11**; 1-13.

31. Chen, C-S. e Jiang, S-J (1996) "Determinação de As, Sb, Bi e Hg em amostras de água por espetrometria de massa com plasma indutivamente acoplado por injeção em fluxo com um nebulizador/gerador de hidreto in-situ". *Spectrochim. Ata*, **51B**; 1813-1821.

32. Crain, J. e Kiely, J. T. (1996) "Waste reduction in in inductively coupled plasma mass spectrometry using flow injection and a direct injection nebulizer". *J. Anal. At. Spectrom*, **11**; 525-527.

33. Tao, H., Lam, J. W. H. e McLaren, J. W. (1993) "Determination of selenium in marine certified reference materials by hydride generation inductively coupled plasma mass spectrometry". *J. Anal. At. Spectrom*, **8**; 1067-1073.

34. Bloxham, M., Hill, S. J. e Worsfold, P. J. (1996) "Determination of mercury in filtred sea-water by flow injection with on-line oxidation and atomic fluorescence spectrometric detection". *J. Anal. At.spectrom."* **11,** 511-514.

35. Nia, H. e Houk, R. S. (1996) "Fundamental aspects of ion extraction in in inductively coupled plasma mass spectrometry". *Spectrochim. Ata*, **51B**; 779-815.

36. Vandecasteeile, C., Vanhoe, H. e Dams, R. (1993) "Inductively coupled plasma mass spectrometry of biological samples invited lecture". *J. Anal. At. Spectrom,* **8**;

781-786.

37. Ince, A., Williams, J. G. e Gray, A. L. (1993) "Noise in in inductively coupled plasma mass spectrometry: some preliminary measurements". *J. Anal. At. Spectrom,* **8**; 899-903.

38 Métodos EPA 200.8, "Methods for the determination of metals in environmental samples- supplements 1", PB 94-184942; EPA-600/R-94-111.

39. "Directrizes para a água potável". (1992). OMS, 4th ed.; Genebra.

40. Yusof, A. M (1997). " Environmental Impact Assessment for Land Development". Seminário sobre Administração e Desenvolvimento do Direito Fundiário, 19-20 de agosto de 1997, Hotel Grand Continental, Kuala Lumpur, Malásia".

CAPÍTULO 2

DETERMINAÇÃO DE QUANTIDADES VESTIGIAIS DE MERCÚRIO TOTAL E ESPECIAÇÃO DE MERCÚRIO PELOS MÉTODOS FI-ICP-MS E GFAAS*

(*Autor correspondente: mdrahman@iium.edu.m)

Introdução

O mercúrio é um elemento que pode existir no ambiente tanto na forma inorgânica como na forma orgânica. Ambas as formas são tóxicas, mas é a forma orgânica que apresenta uma toxicidade biológica extrema [1]. Nos seres humanos, a toxicidade é caracterizada por dores gástricas, vómitos e possível insuficiência renal. Em caso de envenenamento crónico, o Hg pode causar lesões no sistema nervoso central e danos renais. Foi também estabelecido um nível de 0,5 ppm como norma para o Hg na água para consumo humano [2]. Assim, os oligoelementos desempenham um papel importante no estabelecimento dos processos que afectam estas interacções. medida que os resultados de estudos pormenorizados a longo prazo se tornam disponíveis, há uma necessidade crescente de medições fiáveis de concentrações muito baixas deste elemento numa variedade de amostras, especialmente na água.

A contaminação por mercúrio resulta principalmente das suas utilizações industriais, como no fabrico de pilhas de Hg e de lâmpadas de descarga de Hg. É também utilizado como catalisador na conversão de acetileno em cloreto de vinilo e acetato. Por conseguinte, são necessárias técnicas analiticamente sensíveis para detetar o Hg a níveis muito baixos. Algumas das técnicas existentes são capazes de detetar Hg a níveis muito baixos (ppb), mas estão associadas a problemas, quer devido ao custo proibitivo, quer às propriedades físicas invulgares dos elementos, nomeadamente a elevada pressão de vapor e a elevada volatilidade. A FAAS convencional é relativamente insensível para a determinação do Hg, uma vez que este é extremamente volátil e o seu tempo de permanência na chama é muito curto. O mercúrio tem uma linha mais sensível a 184,9 nm, mas esta linha não pode ser facilmente utilizada porque os gases da chama e o oxigénio na atmosfera interferem fortemente neste comprimento de onda, pelo que tem de ser utilizada a linha menos sensível de 253,7 nm [1, 3].

A elevada sensibilidade e a ausência de interferências espectrais exibidas para a maioria dos elementos determinados por espetrometria de massa com plasma indutivamente acoplado (ICP-MS), em comparação com outras técnicas de espetrometria atómica, tornam-na uma escolha muito atraente para a análise de elementos vestigiais. Embora a maioria dos elementos da Tabela Periódica seja ionizada com uma eficiência superior a 90% no plasma de árgon, o mercúrio, com um potencial de ionização de 10,43 eV, é ionizado com uma eficiência de apenas 32,31% [4]. Este facto resulta numa diminuição do poder de deteção do mercúrio. Em amostras com concentrações muito baixas ou amostras que têm de ser diluídas para diminuir os efeitos da matriz, as capacidades de deteção tornam-se limitadas, dificultando a análise. Os procedimentos de pré-concentração melhoram a sensibilidade e, normalmente, os limites de deteção alcançáveis. Os métodos de pré-concentração de amostras por injeção em fluxo (FI) reduzem o risco de contaminação, uma vez que os sistemas FI são fechados. Este facto é especialmente importante para a determinação de concentrações de ng L^{-1} , em que sinais em branco elevados podem levar à deterioração da precisão da relação sinal/fundo e à degradação do limite de deteção [5].

Assim, é necessário um método analítico adequado para medir a especiação de elementos vestigiais. Os métodos de espetroscopia atómica que são normalmente utilizados para a análise elementar não distinguem geralmente as várias espécies presentes para cada elemento. No entanto, a informação sobre a especiação pode ser obtida através de separações por extração com solventes com deteção selectiva de elementos por espetroscopia atómica [6, 7]. A espetrometria de absorção atómica em forno de grafite (GFAAS) é um dos sistemas de deteção mais atractivos para a especiação elementar, devido aos seus excelentes limites de deteção [3].

No estudo da poluição da água potável das estações de tratamento de águas de Negri Sembilan e Melaka, a determinação do mercúrio (Hg) é efectuada através de uma etapa de pré-concentração com tetrametilenoditiocarbamato de amónio (APDTC) em clorofórmio, seguida da determinação por espetrofotometria de absorção atómica em forno de grafite (GFAAS). Neste trabalho, descreve-se um método para determinar níveis baixos de exatidão de Hg por GFAAS com pré-concentração preliminar utilizando o sistema APDTC-clorofórmio. Trabalhos anteriores mostraram que ocorrem perdas do analito durante o ciclo térmico antes da atomização, mas estas perdas podem ser reduzidas através da modificação da matriz [6]. Por exemplo, os valores de absorvância podem ser aumentados pela adição de ião sulfureto à solução do analito; este efeito foi atribuído à formação de sulfureto de mercúrio (II) estável à temperatura de incineração.

O objetivo do presente trabalho foi desenvolver métodos simples para a determinação exacta de FI-ICP-MS e GFAAS e especiação de mercúrio em amostras aquosas a concentrações de ng L^{-1}. O método FI-ICP-MS baseia-se na introdução de amostras por injeção em fluxo. Este método separa potencialmente os componentes da matriz interferentes da substância a analisar. A função do método GFAAS era investigar a aplicabilidade dos complexos metilmercúrio (II)-APDTC.

Experimental (Instrumentação de FI-ICP-MS)

Foi utilizado um instrumento ICP-MS ELAN 6000 (Perkin-Elmer SCIEX, EUA) para todas as análises. Para a introdução do vapor, a tocha ICP foi equipada com um adaptador de vapor padrão. Para a introdução da solução, e para otimizar o alinhamento da tocha, utilizou-se um nebulizador de fluxo cruzado de Ryton com ponta de gema quimicamente resistente e uma câmara de pulverização de Ryton. O quadro 2.1 resume as condições de funcionamento.

Aquisição e processamento de dados

O software ELAN 6000 permite a recolha e o processamento de dados em modo de altura de pico ou de área de pico. O software permite que os dados recolhidos num modo de processamento sejam reprocessados para obter os resultados noutro modo. Por exemplo, os dados recolhidos no modo de altura de pico podem ser reprocessados para obter os resultados no modo de área de pico e vice-versa. No software ELAN, os parâmetros de aquisição de dados são introduzidos através do formulário de introdução de parâmetros e o quadro 2.1 apresenta os parâmetros utilizados. Os elementos a determinar são especificados e o tempo de integração e o tempo de permanência são também introduzidos neste formulário. A área do pico foi utilizada para caraterizar a resposta analítica nestes estudos, uma vez que este modo de processamento proporciona uma melhor precisão.

Quadro 2.1: Condições de funcionamento utilizadas para o instrumento ELAN 6000 FI-ICP-MS

Forward Rf power	1000 W
Plasma argon flow rate	$1.5 \ l \, min^{-1}$
Auxiliary argon flow rate	$0.8 \ l \, min^{-1}$
Carrier argon flow rate	$1.0 \ l min^{-1}$
Sampler and skimmer cones	Platinum
Data acquisition	MCA transient
Scan mode	Peak hopping
Points per spectral peak	1
Dwell time	50ms
Scan mode	Peak-hope transient
Sweeps per reading	2
Signal processing	Spectral peak integrated; signal profile counted
Resolution	0.8 u at 10% peak maximum
Number of replicates	3

Sistema de injeção de fluxo

Foi utilizado um FIMS 100 com um amostrador automático de acesso aleatório AS- 90/91 (Perkin-Elmer, EUA). O sistema de injeção de fluxo é constituído por duas bombas peristálticas, uma válvula de injeção e a tubagem necessária, sendo totalmente controlado pelo software do espetrómetro ELAN-FIMS através de um computador (IBM PS/2 Modelo 70). Os parâmetros de funcionamento, tais como a velocidade da bomba e o sistema de injeção, são introduzidos num programa FIMS. O separador gás-líquido é feito de plástico quimicamente resistente e contém um filtro de membrana de PTFE permutável. O coletor utilizado neste estudo é apresentado na Figura 2.1

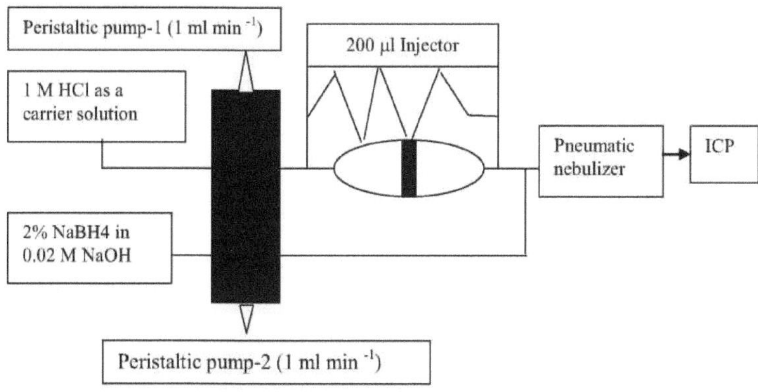

Figura 2.1: Diagrama esquemático do FIMS

Sistema e condições de produção de hidretos

Neste trabalho, um nebulizador in situ de fluxo contínuo/sistema de introdução de amostras de Hg foi acoplado ao ICP-MS para a determinação de Hg com análise FI. As condições de funcionamento do Hg foram optimizadas pelo método FI. Neste estudo, uma solução contendo 1 ng ml^{-1} Hg (II) em 0,5% K2Cr2O7 e 0,1 M HNO3 foi selecionada como modelo para otimizar as condições de funcionamento do sistema de geração de hidretos (HG). Esta solução foi carregada no circuito de injeção e injectada no sistema de geração de hidretos (HG). Vários parâmetros de funcionamento podem afetar a eficiência da formação de hidretos. As concentrações de K2Cr2O7 e HNO3 na amostra injectada e na solução transportadora, a concentração de NaBH4 e o volume da bobina de mistura foram estudados para obter as condições óptimas para a determinação simultânea destes quatro elementos.

Instrumentação para GFAAS

Em todas as medições foi utilizado o espetrómetro GBC Scientific Equipment AAS-Avanta, equipado com um atomizador de grafite aquecido transversalmente GF 3000 e um amostrador automático GBC-Pal 300. O instrumento estava equipado com um dispositivo de correção de fundo adequado, capaz de remover absorvâncias não específicas indesejáveis na região espetral de interesse. Foi dada preferência à capacidade de registar sinais transitórios relativamente rápidos (< 1 seg.) e de avaliar os dados com base na área dos picos. Além disso, foi utilizado um banho de refrigeração recirculante para melhorar a reprodutibilidade das temperaturas do forno. Os dados apresentados nos quadros foram obtidos utilizando a plataforma de temperatura estabilizada e a correção de fundo Zeeman. Lâmpada de cátodo oco de mercúrio ou lâmpadas de descarga sem eléctrodos de elemento único, juntamente com as fontes de alimentação associadas. Como acessórios para o GFAAS: funis de separação, equipados com PTFE, torneiras e tampão de polipropileno para extração de amostras e cilindros de vidro de 5 ml com rolhas de vidro, para a recolha de amostras extraídas, constituíram o material de vidro utilizado neste trabalho.

Reagentes para FI-ICP-MS

Todos os produtos químicos eram de qualidade analítica. A solução redutora consiste em (0,2%, 0,5%, 1,0% e 2%) NaBH4 em NaOH a 0,05% (2 g NaBH4 + 2 pastilhas de NaOH/L solução). Estas soluções foram preparadas de fresco. A solução de K2Cr2O7 a 0,5% foi preparada dissolvendo 0,5 g de K2Cr2O7 em 100 ml de ácido nítrico 1:1 (v/v) (65%). O ácido clorídrico 1 molar foi utilizado como solução de suporte e foi preparado diluindo HCl concentrado (32%) 1:9 (v/v) com água desionizada. Estes devem ser sempre preparados de novo em ácido nítrico 1 molar contendo 1% da solução de K2Cr2O7 a 0,5% acima mencionada como estabilizador.

Solução padrão de referência:

Solução-mãe primária	: 1,000 mg/L
Solução de stock secundário	: 10 mg/L
Soluções de trabalho	: 5, 10, 15 e 20 µg/L

Reagentes para GFAAS

Ácido nítrico (Merck); o ácido nítrico destilado em ebulição foi preparado num alambique de PTFE. Clorofórmio (Fluka); o clorofórmio de grau de reagente analítico (1000 ml) foi extraído três vezes com 50 ml de ácido nítrico 1 M e armazenado num frasco de vidro castanho previamente limpo. Uma solução aquosa a 1% (m/v) de APDTC (100 ml) foi extraída com seis porções sucessivas de 5 ml de clorofórmio purificado, sendo depois armazenada num frasco de PTFE de 100 ml previamente limpo. A solução-mãe de cloreto de mercúrio (II) (1000 mg L^{-1}) foi preparada dissolvendo (0,1354 g) de cloreto de mercúrio (II) em 10 ml de ácido nítrico e diluída a 100 ml com água. A solução-mãe de cloreto de metilmercúrio (II) (1000 ng L^{-1}) foi preparada dissolvendo (0,1252 g) de cloreto de metilmercúrio (II) em 10 ml de HCl e diluindo a 100 ml com água. A solução foi armazenada num frigorífico a (4-10) C. As soluções-padrão de trabalho de mercúrio (1 mg L^{-1}) de compostos de metilmercúrio (II) foram preparadas diariamente por diluição adequada das soluções-mãe com água destilada.

Amostragem

Os recipientes de recolha de amostras foram limpos com ácido, enxaguados com água desionizada e depois secos.

As amostras foram conservadas em ácidos como o ácido nítrico a 1% e refrigeradas até estarem prontas para análise. A amostra de água foi analisada imediatamente após a acidificação e a filtração por FI-ICP- MS.

Procedimentos para FIMS (Otimização)

Estes procedimentos gerais de otimização foram efectuados por rotina sempre que o ICP-MS foi utilizado para garantir que o instrumento cumpria as especificações indicadas pelo fabricante. As condições de funcionamento do instrumento foram optimizadas durante a aspiração de uma solução contendo 10 ng L^{-1} Mg, Rh e Pb. A tocha foi alinhada com o amostrador do espetrómetro de massa utilizando o estágio de translação X-Y-Z no qual a tocha está montada, até se obter a sensibilidade máxima. O caudal do nebulizador foi também ajustado de modo a obter as especificações de sensibilidade do fabricante. Os níveis de óxidos e de iões de dupla carga foram também optimizados de acordo com as especificações do fabricante. Uma vez efectuados estes procedimentos, o plasma foi extinto e o conjunto da câmara de pulverização do nebulizador foi cuidadosamente removido, sem perturbar a posição da tocha, da base da tocha. Como resultado, não foi necessária qualquer otimização especial do sistema ICP-MS para as experiências de geração de vapor, uma vez que a otimização tinha sido realizada utilizando a nebulização da solução.

O programa de controlo FIMS

A válvula FIMS foi utilizada para introduzir a amostra do amostrador automático AS 90/91 no separador gás-líquido. A posição da válvula determina a direção do fluxo da amostra (para os resíduos ou para o separador gás-líquido). A função da bomba-1 (na figura 2.1) é bombear os produtos líquidos residuais da reação entre o mercúrio e o NaBH4 para os resíduos. A bomba-2 tem duas funções: (i) transporta a amostra do amostrador automático AS 90/91 para o coletor de geração de vapor e (ii) alimenta o coletor químico com redutor do reservatório de redutor.

Etapa pós-corrida

A bomba-2 (na figura 2.1) é accionada continuamente a uma velocidade moderada de 50 rev min^{-1} para enxaguar a tubagem de recolha de amostras do amostrador automático AS 90/91 para a válvula com uma solução de lavagem. A bomba 1 também é regulada para funcionar continuamente para remover o líquido de lavagem do separador gás-líquido.

Procedimento de Separação e Determinação de Compostos de Metil Mercúrio por GFAAS

A amostra de água contém espécies inorgânicas e orgânicas de mercúrio (principalmente metilmercúrio). Transferiu-se uma porção de 500 ml de amostra de água filtrada para uma ampola de decantação e adicionou-se ácido nítrico 1 M para ajustar o pH a $1{,}7\pm0{,}1$. Adicionou-se uma porção (5 x 500 ng de solução-padrão de metilmercúrio (II) em 500 ml de água), seguida de 2 ml de solução de APDTC a 1% e 10 ml de clorofórmio purificado. Após agitação durante 30 s e equilíbrio da mistura, as fases foram deixadas separar-se durante 5 minutos. A fase aquosa contém mercúrio inorgânico (II) e a fase orgânica contém mercúrio orgânico (II). Transferiram-se cerca de 5,0 ml do extrato límpido para uma proveta de vidro previamente limpa. O gráfico de calibração foi preparado traçando a altura do pico em função da quantidade de mercúrio adicionada a 500 ml de água destilada. As condições experimentais optimizadas do GFAAS são apresentadas no quadro 2.2.

Tabela 2.2: Condições de funcionamento optimizadas do GFAAS

Lamp current	Wave length (nm)	Drying temp.	Ashing temp.	Atomize. temp.	Time	Purge gas flow
3 mA	253.7	100^0C	200^0C	2000^0C	3 s	stopped

Efeito da concentração de NaBH4 nos sinais iónicos

A concentração de NaBH4 é crítica na determinação de Hg por HG. O efeito da concentração de NaBH4 nos sinais iónicos foi investigado em primeiro lugar. A Figura 2.2 e a Tabela 2.3 mostram a área do pico de FI em função da concentração de NaBH4. Embora o sinal de Hg tenha atingido um máximo quando o NaBH4 era de cerca de 2%, os sinais de Hg aumentaram com a concentração de NaBH4. Para a determinação do Hg, foi utilizado NaBH4 a 2% nas experiências seguintes. Neste estudo, foi utilizada uma concentração bastante mais elevada de NaBH4 com uma concentração mais baixa de NaOH e de ácido HCl para o HG.

Tabela 2.3: Absorvância obtida a partir de diferentes soluções de NaBH4

Concentra-tion μgL^{-1}	0.2% NaBH$_4$ solution	0.5% NaBH$_4$ solution.	1% NaBH$_4$ solution.	2% NaBH$_4$ solution.
	Absorbance	Absorbance	Absorbance	Absorbance
Blank	0.0001	0.0001	0.0001	0.0014
5	0.0129	0.0146	0.0153	0.04
10	0.0239	0.0315	0.0316	0.078
20	0.0617	0.0725	0.0858	0.147

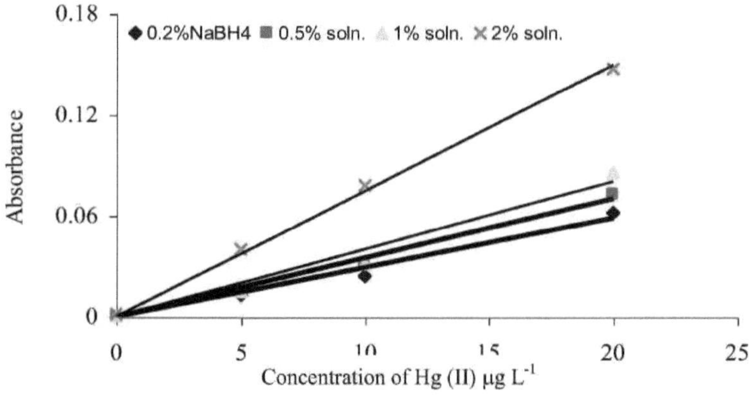

Figura 2.2: Efeito da concentração de NaBH4 nos sinais iónicos

Ponto de fusão de sais orgânicos e inorgânicos de mercúrio(II) - complexos APDTC

Os complexos metilmercúrio (II) - APDTC de sais inorgânicos e organo-mercúrio são muito estáveis e podem ser facilmente recuperados na forma cristalina por evaporação de soluções de clorofórmio. Os pontos de fusão destes complexos são indicados no quadro 2.4. É evidente que, nestas circunstâncias, o volume de solvente utilizado determina a menor quantidade de mercúrio detetável. Para melhorar o limite de deteção, 5 ml do extrato de uma série de soluções aquosas contendo 10 ng de mercúrio sob a forma de cloreto de metilmercúrio (II) foram evaporados por meio de um fluxo suave de azoto e os resíduos dissolvidos com volumes variáveis mas conhecidos de solvente. Como resultado, os valores de absorvância aumentam com a diminuição do volume de solvente (tendo sido utilizados 20 µL para a análise em todos os exemplos). É evidente que, utilizando passos de concentração, é possível atingir um limite de deteção inferior a 1 ng.

Tabela 2.4: Pontos de fusão dos complexos de mercúrio (II) - APDTC.

Compound	Melting point of APDTC complexes °C
Mercury(II) chloride	283
Methylmercury(II) chloride	321
Phenylmercury(II) acetate	280

Normalização por FI-MS e GFAAS

Antes de as amostras serem analisadas, foi efectuada uma calibração utilizando um mínimo de quatro soluções-padrão que abrangem a gama de concentrações prevista para as amostras. Os padrões de calibração foram preparados a partir da solução-mãe padrão por diluição adequada com água destilada desionizada em balões volumétricos. Foi construída uma curva de calibração da área do pico de resposta da substância a analisar {mercúrio (II) por FIMS} em função da concentração da substância a analisar e outra curva da altura do pico de resposta da substância a analisar {metil mercúrio (II) por GFAAS} em função da concentração da substância a analisar (extraída). O coeficiente de correlação para a curva seria igual ou superior a 0,99 para

FIMS e GFAAS. As curvas de calibração de ambos os métodos são apresentadas nas figuras 2.3 e 2.4:

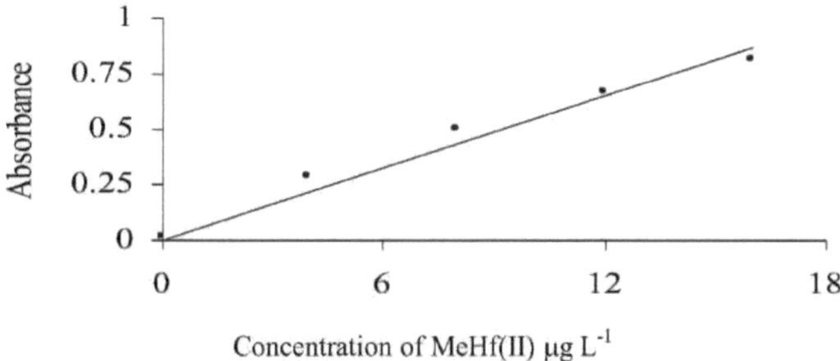

Figura 2.3: Curva de calibração padrão de MeHg (II) por GFAAS

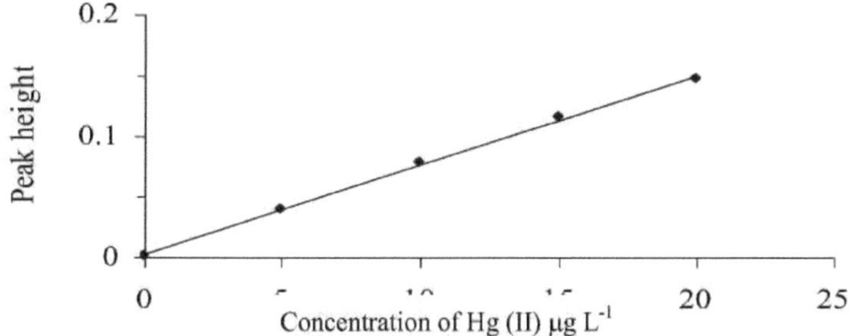

Figura 2.4: Calibração padrão de mercúrio (II) por FIMS

Desempenho do instrumento

Depois de estabelecida a calibração, esta seria verificada através da análise de uma QCSS (Quality

Control Standard Sample). Se o valor medido de uma QCSS exceder +10% do valor estabelecido, era

efectuada uma segunda análise. Se o valor continuasse a exceder o valor estabelecido, a análise era terminada

até que a origem do problema fosse identificada e corrigida. Para verificar se o instrumento está corretamente

calibrado numa base contínua, deve ser efectuada uma amostra em branco após cada dez análises. Os resultados

das análises dos padrões indicam se a calibração permanece válida. Se a concentração medida do analito Hg

(II) se desviar da concentração real em mais de $+10\%$, o instrumento foi recalibrado e as cinco amostras anteriores foram reanalisadas.

Resultados e discussão

É bem sabido que o controlo da exatidão dos resultados relativos a elementos vestigiais em amostras de água a níveis sub-nanogramas é extremamente difícil. Este facto não está apenas relacionado com as dificuldades na medição final, mas também, e sobretudo, com os protocolos de amostragem e manuseamento. Nos últimos anos, foram introduzidas melhorias importantes nas técnicas de amostragem e medição, que resultaram numa diminuição drástica dos níveis de Hg confirmados nas águas de superfície. As amostras foram transportadas para o laboratório em garrafas de PTFE, depois de terem sido recolhidas de acordo com o protocolo ultraclean. A exatidão da determinação de Hg na água depende muito do controlo dos ensaios em branco. Estes incluem os controlos do dispositivo de amostragem e do manuseamento da amostra (armazenamento, preservação, filtração e transporte). No entanto, para este estudo, só foi possível controlar os valores em branco do processamento laboratorial. Os valores em branco para o MeHg foram muito estáveis durante o período deste estudo. O limite de deteção do instrumento (IDL) também foi afetado pela reprodutibilidade dos valores em branco. O IDL é definido como dois desvios-padrão do valor em branco. Especialmente quando foram medidos valores baixos de MeHg, foram efectuados muitos ensaios em branco. Outra forma de confirmar a exatidão dos resultados foi analisar uma solução padrão de concentração conhecida (QCSS). Para o Hg total, (0, 5, 10, 15 e 20 ppb) e MeHg (0, 5 e 7 ppb) foram preparados no laboratório do MINT e no laboratório de química da UTM, respetivamente. Os resultados verificados foram colocados na Tabela 2.5.

Os resultados apresentados no Quadro 2.6 mostram que as concentrações totais de mercúrio nas diferentes estações de tratamento de água em Negeri Sembilan e Melaka variam entre $7,11+0,12$ e $0,69+0,34$ $\mu g L^{-1}$, enquanto os níveis de metilmercúrio representam 18% a 40% do total. Na água bruta das estações de tratamento de águas de Negeri Sembilan, o mercúrio total foi de $7,11{+}0,12$ µg L^{-1} e $2,21{+}0,01$ µg L^{-1} da antiga e da nova estação, respetivamente, e o metilmercúrio $(23{\sim}25)\%$ do total. Na água bruta da nova estação de tratamento de águas de Melaka, o mercúrio total era de $5,69{+}0,02$ µg L^{-1} e o metil-mercúrio representava $30,6\%$ do total. Enquanto as concentrações totais de mercúrio eram mais baixas na água bruta das antigas estações de tratamento de água de Melaka e o metilmercúrio representava 41% do total. Embora seja prematuro fazer quaisquer observações conclusivas, as diferenças na proporção de metil mercúrio em relação ao total nos dois sistemas de água bruta podem estar relacionadas com factores climáticos edafoclimáticos, que também afectam as características do biota.

Foi encontrada uma concentração total de mercúrio de $0,60{+}0,34$ µg L^{-}1 e $2,09{+}0,08$ µg L^{-}1 na água doce (FW-1 e FW-2) nas antigas e novas estações de tratamento de água em Negeri Sembilan. Estes valores, comparados com as concentrações de mercúrio na água bruta, parecem indicar uma remoção total de mercúrio de $91,6\%$ e 41% nas estações de tratamento de água (antiga e nova), respetivamente. Assim, é evidente que, no que respeita ao Hg, a antiga estação de tratamento de águas em Negeri Sembilan funciona melhor do que a nova. Por outro lado, foi encontrada uma concentração total de mercúrio de $1,48{+}0,01$ µg L^{-1} e $1,26{+}0,10$ µg L^{-1} na água doce (FW-3 e FW-4) nas antigas e novas estações de tratamento de água em Melaka. Estes valores, comparados com as concentrações de mercúrio na água bruta, parecem indicar uma remoção total de mercúrio de $53,2\%$ e $77,8\%$ nas estações de tratamento de água (antiga e nova), respetivamente. A partir destes resultados, é evidente que a nova estação de tratamento de águas em Melaka é mais eficiente do que a antiga estação. Surpreendentemente, o metilmercúrio de $(0,52{-}0,63)$ µg L^{-1} ainda está presente na água, o que se supõe ser facilmente decomposto pelo cloro.

Determinação do limite de deteção

Foram efectuadas sete leituras em duplicado para a solução em branco em HNO3/HCl 1 molar. Os limites de deteção são definidos como a concentração que dá um sinal equivalente a três vezes o ruído. O ruído foi calculado a partir do desvio padrão de sete medições repetitivas da intensidade de fundo, utilizando um tempo de integração de 3s.

O limite de deteção pode ser calculado como:

$$\text{Detection limit} = \frac{3\ \sigma\ \text{of blank counts}}{(\text{analyte counts - blank counts})} \times \text{Concentration of analyte} \qquad (4.1)$$

Os limites de deteção com o nebulizador TR-30-C 3 e o atomizador de grafite GF-300 foram medidos nas condições óptimas do instrumento, como indicado nos quadros 2.1 e 2.2. Limites de deteção do instrumento (3σ) estimados a partir de sete integrações repetidas do branco (ácido nítrico a 1% v/v) após calibração do instrumento com três integrações repetidas de um padrão multielemento. Os limites de deteção medidos foram calculados utilizando a equação 2.1 supra. Os resultados obtidos foram registados no quadro 2.5.

Quadro 2.5: Limites de deteção obtidos pelo instrumento FIMS

Analyte	QCSS µg L^{-1}	Blank Signal	QC calcul. Value µg L^{-1}	Std. Dev.	%RSD	Recovery%	IDL µgL^{-1}
	0.0	0.0014	----	0.0100	HIGH	----	
Hg(II)	5.0	0.0396	5.01	0.0008	2.1	100.1	0.53
	10.0	0.0783	9.98	0.0020	2.4	99.8	
	15.0	0.1160	15.03	0.0035	3.0	100.2	
	20.0	0.1472	19.99	0.0077	5.3	99.9	
Detection limit obtained by GFAAS instrument							
Analyte	QCSS µgL^{-1}	Blank Signal	QC calcul. Value µgL^{-1}	Std. Dev.	%RSD	Recovery%	IDL µg L^{-1}
	0.00	0.009	0.15	0.002	17.4	----	
MeHg(II)	5.0	0.328	4.96	0.020	0.6	99.2	
	5.0	0.329	4.97	0.035	10.8	99.3	0.44
	5.0	0.330	4.97	0.011	3.4	99.4	
	7.0	0.417	6.41	0.059	14.3	91.6	

IDL: Limite de deteção do instrumento.

QCSS: Amostra padrão de controlo de qualidade.

Cálculo do mercúrio e do metilmercúrio

As concentrações da amostra foram determinadas a partir de ambas as calibrações. Os valores obtidos foram comunicados em μgL^{-1}. Os dados de controlo de qualidade obtidos durante as análises das amostras fornecem uma indicação da qualidade dos dados da amostra e seriam fornecidos com os resultados da amostra. Os resultados obtidos pelos métodos FIMS e GF-AAS são apresentados na Tabela 2.6.

Tabela 2.6: Determinação de mercúrio e especiação de metilmercúrio por FIMS e GF-AAS, respetivamente.

Sample ID	Result obtained by FIMS Total Mercury (μgL^{-1})			Result obtained by GFAAS Methyl mercury (μgL^{-1})			Inorganic mercury (μgL^{-1})
	Conc.	Std. Dev.	%RSD	Conc.	Std. Dev.	%RSD	Conc.
RW-1	7.11	±0.12	1.6	1.76	±0.015	3.52	5.35±0.12
PW-1	2.81	±0.01	0.4	0.58	±0.008	2.26	2.23±0.01
FW-1	0.60	±0.34	HIGH	ND	±0.011	3.42	0.57±0.34
RW-2	3.52	±0.07	1.8	0.80	±0.009	2.24	2.73±0.07
PW-2	2.21	±0.01	0.5	0.78	±0.057	9.98	1.43±0.01
FW-2	2.09	±0.08	3.7	0.57	±0.015	4.32	1.52±0.08
RW-3	3.16	±0.84	2.6	0.99	±0.021	5.40	2.17±0.84
PW-3	2.14	±0.01	0.2	0.93	±0.019	3.83	1.21±0.01
FW-3	1.48	±0.01	0.6	0.63	±0.022	6.02	0.85±0.01
RW-4	5.69	±0.02	0.4	1.74	±0.027	6.14	3.96±0.02
PW-4	2.69	±0.06	2.2	1.11	±0.005	1.39	1.58±0.06
FW-4	1.26	±0.10	8.0	0.52	±0.003	0.87	0.74±0.10

(Todos os dados em bruto constam do apêndice A e do apêndice B) (mercúrio total - metilmercúrio = mercúrio inorgânico)

Precisão e exatidão

Para verificar a precisão do método (GFAAS), foram utilizadas porções de 500 ml de água destilada foram adicionados com 5 x 500 ng de cloreto de metilmercúrio (II) e extraídos como já descrito. Os resultados obtidos são apresentados no Quadro 2.5. A diferença entre o teor médio de mercúrio da água potável e o da água destilada representa a quantidade de mercúrio em 500 ml de água potável. O desvio padrão relativo de sete determinações repetidas de 500 ml de água destilada contendo 5 ngL^{-1} de mercúrio (II), como cloreto de metil mercúrio (II), foi de (0,61-14,3)%.

Os picos típicos de FI de uma solução de 200 μl contendo 5 ng ml^{-1} de Hg são mostrados na Tabela 4.5, na qual se observa que os sinais iónicos regressam a 10% das alturas dos picos em apenas 30 s. Como se utilizou uma técnica de introdução transitória de amostras com um transportador de HCl 1M na experiência de FI, esta técnica revelou-se superior à ICP-MS direta para a determinação de Hg, uma vez que havia um grande e persistente problema de memória de mercúrio na ICP-MS convencional. A reprodutibilidade foi determinada utilizando sete injecções de uma solução de mistura de ensaio contendo 5 μg L^{-1} de Hg. Os desvios-padrão relativos das alturas dos picos para estas sete injecções situaram-se na gama de 1 a 5% para o elemento estudado. As curvas de calibração baseadas nas alturas dos picos foram lineares para os elementos estudados na gama testada (5 - 20) μg L^{-1} . Os limites de deteção foram estimados a partir destas curvas de calibração com base na definição habitual como a quantidade (ou concentração) de analito necessária para produzir um sinal líquido igual a três vezes o desvio padrão do branco. O limite de deteção foi de 0,53 μg L^{-1} para o Hg.

Conclusão

O FI-ICP-MS fornece uma técnica simples, rápida e exacta para a determinação de rotina de quantidades vestigiais de Hg em amostras de água. Este método produziu um grande fator de aumento do sinal. Se fossem utilizados reagentes de maior pureza, seriam de esperar melhores limites de deteção. O método GFAAS descrito é extremamente simples e permite a determinação de níveis de nanogramas de metilmercúrio (II) presentes como sais de organo-mercúrio em amostras de água por injeção direta de uma porção do extrato clorofórmico. Verificou-se que os extractos de clorofórmio podem ser armazenados durante mais de uma semana sem perdas de mercúrio. Para determinar o mercúrio ao nível do sub-nanograma, é apenas necessário evaporar o clorofórmio do extrato e redissolver novamente o resíduo com alguns microlitros de clorofórmio e transferir a solução quantitativamente para o forno de grafite.

Referências

1.   Ellis, L. A e Roberts, D. J (1996) "Novel method to determine mercury in sediment using a gold

        coated dual 'bent' tube trap". *J. Anal. At. Spectrom*, **11**; 1063-1066.

2.   Bunce, N (1991) "Environmental chemistry". Winnipeg, Canadá; Wuerz Publishing.

3.   Filippelli, M (1984) "Determinação de quantidades vestigiais de mercúrio na água do mar por

        espetrometria de absorção atómica em forno de grafite". *Analyst*, **109**; 515-517.

4.   Boomer, D. W. e Powell, M. J (1987) "Determination of uranium in environmental samples using

        inductively coupled plasma mass spectrometry". *Anal. Chem.*, **59**; 2810-2821.

5.   Ebenzer, D., Denoyer, R. E e Tyson, F. J (1996) "Flow injection determination of mercury with

        preconcentration by amalgamation on a gold- platinum gauze by inductively coupled plasma

        mass spectrometry". *J. Anal. At. Spectrom*, **11**; 127-132.

6.   Krull, I. S (1991) Ed. "Trace metals analysis and Speciation". Nova Iorque, EUA; Elsever,

7.   Ebdon, L., Hill, S e Ward, R. W (1987) "Directly coupled liquid chromatography - atomic

        spectroscopy". *Analyst*; **112**, 1-16.

CAPÍTULO 3

DETERMINAÇÃO DO ARSÉNIO TOTAL E ESPECIAÇÃO DO ARSÉNIO (III)

E DO

ARSÉNIO (V) POR PLASMA DE MASSA INDUTIVAMENTE ACOPLADO

ESPECTROMETRIA (ICP-MS)*

Introdução

O arsénio é um oligoelemento omnipresente e a sua química ambiental é complicada devido às propriedades muito diferentes dos compostos de arsénio de ocorrência geral [1]. Sabe-se que muitos compostos de arsénio são tóxicos e a exposição dos seres humanos e dos animais, em especial, e dos ecossistemas em geral, ao arsénio continua a ser uma preocupação internacional. A forma química do arsénio influencia grandemente a sua toxicidade [2]. Quando o arsénio está presente na forma As (III), é várias ordens de grandeza mais tóxico do que o As (V) e as espécies organo-arsénicas [3]. Tendo em conta as diferenças de toxicidade e de comportamento fisiológico entre as formas químicas e a fim de seguir as vias de interconversão no ambiente, é cada vez mais importante monitorizar as concentrações de cada espécie química.

Quatro dos compostos de arsénio mais tóxicos são o arsenito As (III), o arsenato As (V), o ácido monometilarsénico (MMA) e o ácido dimetilarsénico (DMA). Os organoarsénicos, MMA e DMA, são metabolitos importantes do arsénio nos seres humanos e não são normalmente encontrados na água potável. Para a análise da água potável, as formas mais importantes são as espécies inorgânicas, As (III) e As (V). É provável que o As (III) e o As (V) sejam encontrados na água devido à libertação de compostos de arsénio dos depósitos minerais naturais. O arsénio inorgânico pode também entrar no sistema hídrico através da libertação industrial [1]. O risco associado à libertação natural ou industrial de arsénio é melhor caracterizado através da especiação. A especiação também pode ajudar nos estudos de remediação do arsénio na água potável porque o As (V) é normalmente mais fácil de remover da água do que o As (III) [4]. O arsénio é geralmente determinado por espetrometria de absorção atómica com geração de hidretos. Em anos anteriores, alguns problemas devidos à utilização de NaBH4 foram evitados [5] com a introdução da injeção em fluxo. Além disso, uma vez que o arsénio trivalente e pentavalente apresentam um comportamento diferente na determinação selectiva de As (III) na presença de As (V) [6, 7 e 8]. Para a determinação destas duas principais espécies inorgânicas de arsénio na água, são necessárias técnicas altamente sensíveis e selectivas, devido às baixas concentrações das espécies. A ICP-MS é uma técnica sensível para a determinação da concentração total de muitos elementos, mas a determinação direta de arsénio (ultra) vestigial em matrizes com elevado teor de cloreto é difícil através da ICP-MS quadrupolar devido à sua sensibilidade limitada e à interferência isobárica do $^{40}Ar^{35}Cl$ na deteção do monoisótopo ^{75}As. Assim, são necessárias etapas de pré-concentração e separação para a análise de arsénio (ultra) vestigial em matrizes aquosas complexas. Para melhorar a sensibilidade e a seletividade, são utilizados procedimentos fora de linha, como a permuta iónica, a extração por solventes e a coprecipitação, antes da deteção. Para remover este tipo de interferências isobáricas da matriz do quadrupolo, durante a pré-concentração e separação de As (III) e As (V) de amostras de água natural, a extração por solventes é um procedimento ideal [9].

Idealmente, o procedimento experimental deve ser sensível, bastante simples e seletivo em relação às espécies. Neste trabalho, foi desenvolvido um método ICP-MS para a determinação de As^{III} e do arsénio inorgânico total em amostras de água potável. Esta metodologia permite a determinação de baixos níveis de espécies de arsénio com boa recuperação, além de oferecer limites de deteção superiores. Dado que, nesta metodologia, o arsénio foi extraído por APDTC-solvente orgânico e novamente extraído por HNO3 a 30%, esta condição é mais favorável à determinação de espécies de As (III) com boa recuperação utilizando ICP-MS. O As (III) é separado por extração líquido-líquido com pirrolidinaditiocarbamato de amónio (APDTC) e extraído para clorofórmio purificado, sendo novamente extraído com 30% de HNO3. O arsénio inorgânico total foi determinado por redução de As

(V) a As (III) pela adição de 1 ml de uma solução de tiossulfato de sódio a 25% seguida de 1 minuto de agitação. Por conseguinte, o As (V) pode ser separado do arsénio total deduzindo o mesmo do As (III) correspondente.

Experimental

Espectrómetro de massa com plasma indutivamente acoplado, capaz de varrer a gama de massas 5250 amu (unidade de massa atómica) com uma capacidade de resolução mínima de 1 amu de largura de pico a 5%

de altura de pico. O instrumento foi equipado com um sistema de deteção de gama dinâmica alargada. O Perkin-Elmer SCIEX ELAN 6000 ICP-MS foi utilizado para a especiação de As (III) e As (V) em amostras de água potável. O ELAN 6000 é a mais recente geração de ICP-MS, que combina alta sensibilidade com facilidade de uso e alto rendimento de amostra. O ELAN 6000 ICP-MS está equipado com cones de amostragem e de escumadeira de platina. As amostras foram bombeadas por uma bomba peristáltica Gilson a partir de tubos dispostos no amostrador automático Perkin-Elmer As-90/91 para uma câmara de pulverização ciclónica de vidro contendo um nebulizador MEINHARD TR-30-C3. O spray resultante foi introduzido no plasma com um fluxo de gás árgon do nebulizador de aproximadamente 1 L/min. Os outros parâmetros instrumentais são indicados no quadro 3.2. O instrumento foi calibrado em massa (sintonizado) com uma solução de 10 ppb de Be, Mg, Co, Rh, Cs e Pb; as resoluções dos picos foram ajustadas para aproximadamente 0,7 amu. A otimização da voltagem analógica e de impulsos, a calibração do detetor duplo e as voltagens das lentes (lentes automáticas) foram efectuadas de acordo com as especificações do fabricante antes de cada ciclo analítico. As características de desempenho do instrumento foram ajustadas através de alterações no caudal do nebulizador para obter os resultados de desempenho diário, intervalos médios de intensidade líquida indicados na Tabela 3.2. O gás fornecido foi árgon, com um grau de pureza de 99,99%. Foi necessária uma bomba peristáltica de velocidade variável para fornecer a solução ao nebulizador. Foi necessário um controlador de caudal mássico para o fornecimento de gás ao nebulizador. Uma câmara de pulverização arrefecida a água foi benéfica para reduzir alguns tipos de interferências (por exemplo, de espécies de óxido poliatómico).

Condições de funcionamento

Devido à diversidade do hardware dos instrumentos, não foram fornecidas condições pormenorizadas de funcionamento dos mesmos. Tentamos seguir as condições de funcionamento recomendadas pelo fabricante e, depois de verificar que a configuração do instrumento e as condições de funcionamento satisfazem os requisitos analíticos, manter os dados de controlo de qualidade que verificam o desempenho do instrumento e os resultados analíticos. As condições de funcionamento do instrumento, que foram utilizadas para gerar dados de precisão e recuperação para este método, foram incluídas no Quadro 2.2. Uma vez que foi utilizado um detetor multiplicador de electrões, devem ser tomadas precauções, sempre que necessário, para evitar a exposição a um elevado fluxo de iões. Caso contrário, poderão ocorrer alterações na resposta do instrumento ao multiplicador.

Reagentes

Solução de reserva de As (III); foi preparada uma solução de reserva de 1000 μgmL^{-1} dissolvendo 0,1320 g de trióxido de arsénio (Allied chemicals) em 25 mL de água destilada desionizada. A solução foi acidificada com 4 mL de HNO3 1M e diluída para 100 mL com água desionizada. Foi preparada uma solução de reserva de As (V) 1000 $\mu g \, mL^{-1}$ dissolvendo 0,4163g de arseniato de sódio (J. Baker Co) com 0,5 ml de HNO3 concentrado e diluindo-a com água desionizada até à marca. A solução de APDTC a 5% foi preparada dissolvendo 5 g de APDTC em 100 ml de água desionizada. O pirrolidinaditiocarbamato de amónio (APDTC) foi adquirido à Fluka Chemicals Co. A solução foi sempre preparada de fresco antes da utilização, filtrada para remover o material insolúvel e agitada com clorofórmio purificado durante 1 minuto para remover o bromo e outras impurezas. Dissolveram-se 12,0 g de ácido etilenodiaminotetracético (EDTA) em 100 ml de água desionizada e filtrou-se a solução, que foi mantida num local escuro. O ácido etilenodiaminotetracético (EDTA) foi adquirido à Fluka Chemicals Co. O ácido nítrico de grau ultravioleta foi adquirido à Baker Chemicals Co. O ácido nítrico a 30% (v/v) foi preparado através da mistura de 30 ml de ácido nítrico concentrado com 70 ml de água desionizada; o ácido nítrico (10%) foi preparado da mesma forma que o ácido nítrico concentrado. Esta solução ácida foi utilizada para embeber os recipientes e os objectos de vidro. Todos os recipientes foram lavados com uma solução detergente de Triton-100 a 2% e depois mergulhados em HNO3 a 10% durante pelo menos 24 h. O clorofórmio foi adquirido à Fisher Scientific Co. Uma solução de tiossulfato de sódio a 25% foi preparada com 25 g de tiossulfato de sódio dissolvidos em 100 ml de água desionizada e filtrada para remover as partículas estranhas. Para a preparação de todas as amostras e diluições, foi utilizada água ASTM tipo 1. Este tipo de água foi preparado utilizando o sistema de água NANO pure-ultra pure - Barnstead, passando água destilada através de um leito misto de resinas de permuta aniónica e catiónica.

Amostragem

As amostras de água potável foram recolhidas nas estações de tratamento de água de Negeri Sembilan e Melaka. Os procedimentos de amostragem foram os mesmos que os mencionados anteriormente no capítulo

`

2.

Procedimento de extração

Para extrair o As (III), foi normalmente vertida uma amostra de 100 ml para um Erlenmeyer equipado com uma rolha esmerilada. A amostra de água foi ajustada para pH 1,5 antes da adição de 2 mL da solução de extração (5% APDTC), 4 mL da solução de EDTA e 10 mL de clorofórmio. A mistura foi agitada vigorosamente num agitador (Burrek Modelo 75) durante 10 minutos e depois deixada em repouso durante 10 minutos para separação de fases. A fase orgânica foi retirada do frasco e lavada algumas vezes com uma pequena quantidade de água desionizada para remover o sódio e outras impurezas. Transferiram-se exatamente 7,5 ml da fase orgânica para um balão e adicionaram-se 2,5 ml de HNO3 a 30% para extrair o As (III). A mistura foi novamente agitada durante 10 minutos no agitador. Após a separação das fases, 2 mL da solução ácida foram transferidos para um tubo de ensaio de PTFE e diluídos para 6 mL para análise ICP-MS.

Para determinar o As (V), uma segunda alíquota da amostra de água foi colocada num Erlenmeyer e ajustada para pH 1,0 com HNO3. A redução de As (V) a As (III) foi conseguida pela adição de 1 mL de uma solução de tiossulfato de sódio a 25%, seguida de 1 minuto de agitação. Após um período de espera de 5 min, foram adicionados ao balão 2 mL da solução de extração (5% APDTC), 4 mL da solução de EDTA e 10 mL de clorofórmio, tendo o As (III) total sido extraído pelos procedimentos descritos na secção anterior. A diferença entre as concentrações de As entre as duas alíquotas representa a quantidade de As (V) na amostra de água original. Uma porção de 100 mL de água desionizada e submetida ao mesmo procedimento de extração foi utilizada em cada conjunto de experiências. Não foi encontrada qualquer quantidade detetável de As em nenhum dos ensaios em branco.

Calibração, normalização e controlo de qualidade

Os procedimentos de calibração, normalização e controlo de qualidade são os mesmos que no Capítulo 2 (parte B), que foram descritos em pormenor. Os resultados do controlo de qualidade obtidos são apresentados no Quadro 3.1.

Tabela 3.1 Resultados da solução de amostra padrão de controlo de qualidade.

Analyte	QCSS (μgL^{-1})	QC Calculated Value (μgL^{-1})	Std. Dev.	% Recovery	IDL
As	2	1.99	0.52	99.9%	0.059
	4	4.34	1.84	108.5%	
	8	7.82	3.90	97.8%	
	10	9.16	6.31	91.6%	

QCSS: -Amostra padrão de controlo de qualidade (esta amostra foi preparada a partir da solução padrão-3) IDL: - Limite de deteção do instrumento

Cálculo

As equações elementares recomendadas para o cálculo dos dados das amostras são apresentadas no quadro 3.2. Os dados da amostra devem ser comunicados em unidades de (μgL^- 1) para amostras aquosas. Não foram comunicadas concentrações de elementos inferiores ao IDL determinado. O valor registado foi subtraído do branco de calibração. Os valores dos dados foram corrigidos em relação ao desvio do instrumento ou às interferências induzidas pela matriz da amostra através da aplicação de uma normalização interna. A correção das interferências espectrais caracterizadas foi aplicada aos dados. Os dados de CQ obtidos durante as análises fornecem uma indicação da qualidade dos dados da amostra e foram fornecidos com os resultados da amostra.

Tabela-3.2: Equações elementares recomendadas para cálculos de dados

Elements	Elemental equation	Note
As	$(1.000)(^{75}C)-(3.127)[(^{77}C)-(0.815)(^{82}C)]$	1

C - contagens subtraídas do branco de calibração à massa especificada.

(1)- Correção da interferência de cloretos com ajustamento para Se-77. A razão ArCl 75/77 pode ser determinada a partir do branco do reagente.

Resultados e discussão

As amostras foram preparadas utilizando o procedimento descrito na secção preparação de amostras. As espécies inorgânicas de As (III) das águas naturais são facilmente extraídas por derivados do ácido ditiocarbâmico, eliminando assim os metais alcalinos interferentes, os metais alcalino-terrosos e os halogéneos, especialmente[35] Cl, uma vez que produz uma interferência isobárica[40] Ar^{35} Cl na determinação

de[75] As. A presença de outros iões metálicos como o Pb^{2+}, o Cu^{2+}, o Sn^{2+} e o Sn^{4+} nos sistemas hídricos

naturais pode também afetar o grau de extração do As (III) com o ditiocarbamato devido à concorrência

destes iões. No entanto, a utilização de EDTA como máscara

ajudou a reduzir a interferência destes iões e aumentou a percentagem de As (III) extraído. Os rendimentos

percentuais de As (III) extraído com e sem o agente mascarante EDTA em amostras de águas contaminadas

são apresentados no quadro 3.3.

Tabela-3.3: Recuperações percentuais da extração APDTC-CHCl3 de As (III) e As (V)
com e sem EDTA [10].

Sample		As(III) added (ng)	As(V) added (ng)	% recovery of As(III)	% recovery of As(V)
Without EDTA	Seawater	100	100	71.5±1.7	75.5±1.9
	Well-water	100	100	79.8±1.8	87.9±2.0
With EDTA	Seawater	100	100	100.7±2.5	96.5±2.2
	Well-water	100	100	101.3±2.7	98.7±2.3

Uma vez que o As (V) é bastante difícil de extrair em soluções ácidas em comparação com o As (III),

foi portanto mais eficaz reduzir o As (V) a As (III) com um agente redutor adequado como o Na2S2O3 e

extrair o As (III) total. A diferença nas concentrações de As (III) entre as duas alíquotas constituiria o As (V)

na amostra de água. A amostra final para análise encontrava-se na forma aquosa, o que foi conseguido através

da retro-extração do As (III) de ligação orgânica na camada de clorofórmio para uma solução de ácido nítrico.

Uma vez que a forma final da amostra é de natureza ácida e não envolve qualquer contacto com partes

metálicas da ferramenta analítica, como na espetrometria atómica de geração de hidretos, o ICP-MS é muito

ideal, especialmente na determinação de elementos vestigiais de baixo nível. O procedimento de extração

utilizado na ICP-MS proporciona um fator de pré-concentração 10 vezes superior para o arsénio vestigial e elimina a interferência de outros elementos, tornando assim a combinação do procedimento de pré-concentração-extração seguido da análise por ICP-MS um dos métodos mais sensíveis e rápidos para a determinação de arsénio vestigial. A água pode ser propositadamente utilizada como veículo para arsénicos inorgânicos tóxicos solúveis, dependendo da fonte. A determinação e a quantificação destas espécies têm de ser feitas para garantir que o tratamento da água bruta para consumo público é eficaz na redução do nível de espécies inorgânicas tóxicas de arsénio. Os dados extensivos recolhidos de quatro amostras de água bruta, quatro amostras de água pré-tratada e quatro amostras de água tratada (fresca) são apresentados no Quadro 3.4.

Tabela 3.4: Resultados da especiação de As (III) e As (V) pelos métodos ICP-MS

Sample ID	Total Inorg. Arsenic(μgL^{-1})	As(III) + As(V) (μgL^{-1})	As (III) (μgL^{-1})	As (V) (μgL^{-1})
RW-1	10.97±7.2	10.50±0.02	2.64±0.05	7.86±0.02
PW-1	3.13±2.4	4.00±0.08	0.71±0.09	3.29±0.08
FW-1	2.69±1.6	2.91±0.12	0.59±0.09	2.32±0.12
RW-2	8.69±7.2	8.67±0.06	2.32±0.08	6.35±0.06
PW-2	1.14±0.3	1.11±0.02	0.24±0.09	0.87±0.02
FW-2	0.98±0.43	1.08±0.01	0.18±0.01	0.90±0.01
RW-3	0.74±0.25	0.72±0.01	0.11±0.04	0.61±0.01
PW-3	0.64±0.19	0.68±0.0	0.14±0.02	0.54±0.0
FW-3	0.52±0.11	0.53±0.04	0.11±0.07	0.42±0.04
RW-4	5.95±2.82	5.75±0.08	1.62±0.06	4.13±0.08
PW-4	4.52±2.71	4.20±0.04	0.97±0.01	3.23±0.04
FW-4	2.92±2.03	2.92±0.06	0.64±0.03	2.28±0.06

(Todos os dados em bruto foram colocados no Apêndice C)

As distribuições de As total, As (III) e As (V) na água bruta, pré-tratada e tratada são apresentadas nas figuras 3.1 e 3.2, respetivamente. As amostras de água bruta têm concentrações de As (III) inferiores à concentração admissível, a concentração máxima admissível para o arsénio inorgânico na água potável pública, tal como recomendado pela Organização Mundial de Saúde (OMS), é de 50 µgL⁻ 1. Todas as amostras de água têm valores de arsénio inorgânico total inferiores a 12,0 µgL^{-1} . As concentrações mais elevadas registadas foram 10,50+0,02 µgL^{-1} . A água bruta proveniente de fontes fluviais tem geralmente concentrações mais elevadas de As (III) do que as amostras de água pré-tratada e tratada (doce). No entanto, as concentrações de espécies de As (V) são mais elevadas tanto nas águas do rio como na fase pré-tratada na fábrica. Nas águas superficiais, quer do rio, quer da albufeira ou do mar, a concentração de As (V) é consideravelmente mais elevada do que a de As (III). Este elevado teor de As (V) deve-se em parte ao ambiente altamente oxidante destas águas. O arsénio inorgânico total médio para a água do mar de superfície é relatado como sendo cerca de 1,0 µg L^{-1} [11]. Neste estudo, as amostras de água bruta colhidas nos rios de Negri Sembilan e Melaka apresentaram concentrações mais baixas de arsénio total de 0,72+0,01 e a concentração mais elevada de 10,50+0,02, indicando uma concentração relativamente baixa de As (III) e As (V) presentes nas águas. Aparentemente, houve uma introdução externa de espécies de arsénio do ambiente onde as fontes de água estão localizadas. Este arsénio pode ser descarregado das indústrias relacionadas com insecticidas e arsénico a montante. Vários processos concorrentes podem modificar as concentrações das espécies de arsénio em águas naturais, alterando invariavelmente a relação As (III)/As (V) para menos de 1,0 em condições normais, se for superior a 1,0, como se verifica em determinados ambientes reduzidos, especialmente para amostras de água colhidas em águas superficiais de giros tropicais, onde o elevado ciclo interno de entrada de compostos à base de fósforo resulta na rápida absorção de As (V) pelos fitoplânctons nas águas quentes e na sua rápida excreção como espécies reduzidas de As (III) [12]. No entanto, neste estudo prevalecem condições normais para a existência de arsénio inorgânico, em que todas as amostras apresentaram uma relação As (III)/As (V) inferior a 1,0. As amostras de água colhidas após o processo de tratamento indicaram, em geral, teores muito reduzidos de arsénio inorgânico total, variando entre 50 e 70 % de redução dos teores originais de arsénio inorgânico total. Isto aplica-se a todas as amostras de As (III) e As (V), como indicado nas figuras 3.1 e 3.2, respetivamente. Este facto é atribuído ao processo de tratamento eficiente efectuado nas estações de tratamento antes da distribuição para uso doméstico. Além disso, é evidente que a nova estação (FW-2) em Negeri

Sembilan e a antiga estação (FW-3) em Melaka fornecem águas com menos arsénio do que a antiga (FW-1) e

a nova (FW-4) estações, respetivamente, e ambas as actividades das estações são muito melhores do que as

das outras duas estações.

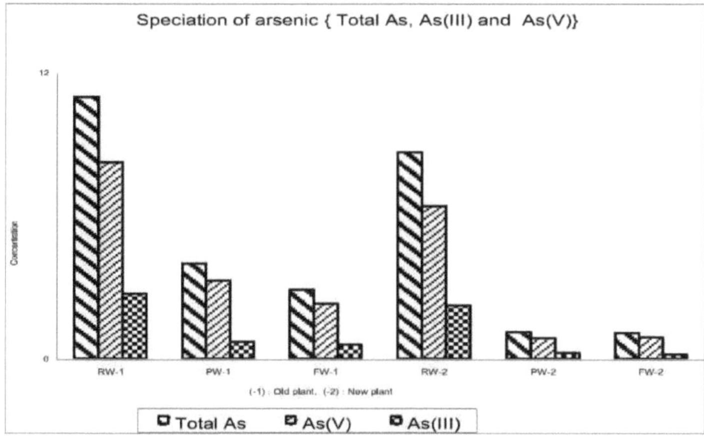

Figura 3.1: Distribuição do arsénio {As total, As (V) e As (III)} na água bruta (RW), água de pré-tratamento
(PW) e água doce (FW) na estação de tratamento de água de Negri Sembilan (antiga e nova).

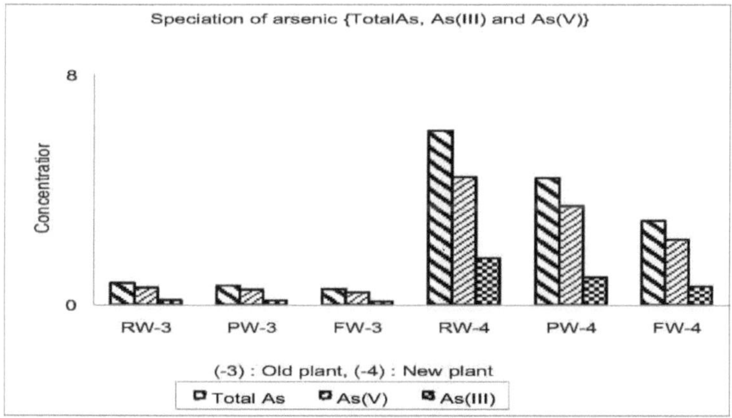

Figura 3.2: Distribuição do arsénio {As total, As (V) e As (III)} na água bruta (RW), na água de pré-
tratamento (PW) e na água doce (FW) na estação de tratamento de água de Melaka (antiga e nova).

Conclusão

Os resultados da presente investigação mostram que a utilização de um procedimento de extração com APDTC para a separação por pré-concentração de As (III) e As (V) de águas naturais antes da análise por ICP-MS pode ser utilizada com êxito para a determinação quantitativa de espécies de arsénio inorgânico a níveis sub-pb. As boas recuperações das espécies As (III) e As (V) permitem que este método seja utilizado para a determinação de baixos níveis de arsénio. O erro de determinação é geralmente inferior a 5% para todas as análises, como indicado pelos resultados do quadro 3.4.

Referências

1.   Dikerson, O. B (1980) "Metals in the environment". Ed. Waldron, H. A, Londres, Reino Unido, Academic Press.

2.   Yan, X. P., Kerrich, R e Hendy, J (1998) "Determinação de quantidades (ultra) vestigiais de arsénio (III) e arsénio (V) na água por espetrometria de massa com plasma de acoplamento indutivo acoplada à pré-concentração e separação por sorção em linha por injeção em fluxo num reator com nós". *Anal. Chem.*, **70**; 4736-4742.

3.   Barrera, P. B., Alonso, M. C. B., Novais, M. F e Bermejo, A (1995) "Speciation of arsenic by the determination of total arsenic and arsenic(III) in marin sediment samples by Electrothermal atomic absorption spectrometry." *J. Anal. At.*

Spectrom, **10**; 247-252.

4.   Stergeon, R. E., Michael Siu, K. W., Wille, S. N e Berman, S. S (1989) "Quantification of arsenic species in arriver water reference material for trace metals by graphite furnace atomic absorption spectrometric techniques". *Analyst*, **114**; 1393-1396.

5.   Lin, Y. H., Wang, X. R., Yuan, D. X., Yang, P. Y., Huang, B. I e Zhuang, Z. X (1992) "Flow injection- electrochemical hydride generation technique for atomic absorption spectrometry."

J. Anal. At. Spectrom, **7**; 287-299.

6. Holak, W. e Spechio, J. J (1991) "Determinação do arsénio total, As(III) e As(V) em alimentos por espetrometria de absorção atómica". *At. Spectrosc*, **12**; 105-109.

7. Howard, A. G e Arbab-Zavar, M. H (1981) "Determinação de arsénio inorgânico (III) e arsénio (V), espécies metilarsénicas e dimetilarsénicas por espetroscopia de absorção atómica de evolução hidratada selectiva". *Analyst*, **106**; 213-226.

8. Lopez, A., Torralba, R., Palacios, M. A e Camara, C (1992) "Generation of AsH3 from As(V) in the absence of KI as prereducing agent: Especiação de arsénio inorgânico". *Talanta,* **39**; 1343-1346.

9. Magnusson, B e Westerlund, S (1981) "Procedimentos de extração por solventes combinados com retro-extração para determinação de metais vestigiais por espetrometria de absorção atómica". *Anal. Chim. Ata*, **131**; 63-72.

10. Yusof, A. M e Said, R (1995) "Monitoring of toxic metals in public drinking water". Advance in Environmental Control Technology' (Envirotech 1995), 23-24 de maio de 1995, Holiday Inn City Center, Kuala Lumpur, Malásia.

11. Wedepohl, K. H (1978) "*Handbook of Geochemistry*". NY, Chap-33 Springer Verlag,.

12. Yusof, A. M. Ikhsan, Z. B e Wood, A. K. H (1994). "The Speciation of Arsenic in Seawater and Marine Species" [A especiação do arsénio na água do mar e em espécies marinhas]. *J. Radioanal. Chem.*, **227(2)**; 179-182.

CAPÍTULO 4

**DETERMINAÇÃO DO CRÓMIO TOTAL E ESPECIAÇÃO DO CRÓMIO
(III) E (VI) POR SHORPTION EM CARBONO ACTIVADO E
CARBONO ACTIVADO
MODIFICADO COM Zr
POR EDXRF, ICP-MS E GF-AAS***

Introdução

O crómio ambiental existe em dois estados de valência, Cr (III) trivalente e Cr (VI) hexavalente. Quantidades vestigiais de crómio (III) são elementos essenciais no corpo humano; parece desempenhar um papel no metabolismo da glicose e de certos lípidos, principalmente o colesterol [12]. Por outro lado, o crómio (VI) pode atravessar as membranas celulares, causar lesões cutâneas, doenças pulmonares e várias formas de cancro [3] e demonstrou ser um carcinogéneo respiratório humano em exposições epidemiológicas no local de trabalho [4], tendo sido classificado pela Agência de Proteção do Ambiente dos EUA (US EPA) como carcinogéneo por inalação do grupo A [5]. A toxicologia bioquímica de diferentes compostos varia consideravelmente consoante a forma química e a via de entrada no organismo. Assim, os compostos de Cr(VI) são aproximadamente 100 vezes mais tóxicos do que os sais de Cr(III), devido ao seu elevado potencial de oxidação e ao facto de penetrarem nas membranas biológicas. Por conseguinte, nos estudos ambientais e nos estudos de contaminação dos alimentos e bebidas, é muito importante determinar o nível e o estado de oxidação do crómio. Com efeito, quantidades excessivas deste elemento, nomeadamente na forma mais tóxica Cr (VI), são prejudiciais para a saúde, uma vez que este elemento pode estar envolvido na patogénese de certas doenças, como o cancro do pulmão e do aparelho digestivo [6].

O crómio entra no ambiente através de vários resíduos industriais. O Cr (VI) é amplamente utilizado em processos industriais como a galvanização, o curtimento, a produção de tintas, a produção de pigmentos e a metalurgia. Os efluentes industriais contêm frequentemente quantidades significativas de Cr (VI) e são as principais fontes de poluição ambiental [7, 8]. A informação sobre o estado de oxidação do crómio é também muito importante para muitos processos industriais e métodos de purificação de águas residuais. Assim, são desejáveis métodos analíticos que possam ser utilizados para especificar o crómio, de modo a que a exposição humana ao Cr (VI) possa ser monitorizada e minimizada.

A especiação permite-nos determinar níveis ultra-traço de compostos nos seus vários estados de oxidação. Uma vez que certas formas de um elemento podem ser mais tóxicas do que outras, é imperativo obter limites de deteção baixos. Foram efectuados estudos de especiação do crómio em muitos tipos de amostras [6]. A troca iónica [9, 10], a posição do elétrodo [11] e a formação de complexos com subsequente extração por solvente [12, 13] têm sido utilizadas para a separação das espécies Cr(VI) e Cr(III). A coprecipitação é outro método amplamente utilizado. O Cr (VI) é quantitativamente precipitado com dibenzilditiocarbamato (DBDTC) [14] ou amónio-pirrolidinaditiocarbamato na presença de Co como agente de transporte (Co-APDTC) [15] e o Cr (III) é quantitativamente recolhido por Fe (OH)$_3$ [12-14]. O Cr(VI) e o Cr(III) foram recolhidos por precipitação de Fe(OH)$_3$ [13, 16] e Bi(OH)$_3$ [17]. Um dos principais inconvenientes de muitos destes procedimentos é que as espécies de crómio Cr (VI) e Cr (III) não podem ser determinadas diretamente, mas apenas como a diferença entre o crómio total, determinado após a redução ou oxidação das espécies de crómio medidas. A presença de metal ativo numa superfície de carvão ativado impregnado pode afetar grandemente a afinidade de adsorção, uma vez que alguns compostos inorgânicos serão então adsorvidos preferencialmente. Os trabalhos efectuados sobre as propriedades de adsorção destes materiais impregnados e os métodos da sua preparação são limitados. Kobayashi et al. [18] estudaram a adsorção de As (III) e As (V) em carvão ativado carregado com zircónio e Rajakovic [19] em carvão ativado impregnado com prata metálica ou cobre. O carvão ativado carregado com zircónio (ZrC) provou ser um bom adsorvente para As (V), Se (IV), Se (VI) e Hg (II) [20], que, tal como o Cr (VI), estão presentes em soluções aquosas como aniões. A capacidade do ZrC para adsorver Cr (VI) foi, portanto, de grande interesse. O Cr (VI) foi separado do Cr (III) por adsorção em ZrC, onde foi determinado diretamente por espetrometria de fluorescência de raios X por dispersão de energia (EDXRF), enquanto as espécies de Cr (III) foram recolhidas no precipitado de Fe (OH) 3 e o precipitado foi depois ligado a carvão ativado para determinação por EDXRF.

A Química do Zircónio

As duas principais fontes de zircónio (ZrO$_2$) são a baddeleyite no Brasil, que contém 8090% de ZrO$_2$ com TiO$_2$, SiO$_2$ e Fe$_2$O$_3$ como impurezas principais e o zircão, ZrSiO4 que ocorre como depósito secundário em Kerala (Índia). O zircónio é estabilizado na fase cúbica do tipo fluorite quando é ligado com uma quantidade adequada de óxidos di- ou trivalentes de simetria cúbica. Os minérios naturais de zircónio contêm geralmente 1 a 3% de háfnio (Hf). Devido às semelhanças das propriedades físicas e químicas do Zr e do Hf, a separação completa é difícil. Assim, o Hf contido nos minérios encontra-se sempre no produto final da zircónia. A zircónia tem um ponto de fusão elevado de cerca de 270° C e é estável mesmo em condições de redução. Não forma pares reactivos de electrões e buracos sob foto-irradiação. Tudo isto faz com que seja um suporte útil mesmo em condições adversas. A zircónia também pode funcionar como um catalisador por direito próprio. O zircónio apresenta um comportamento químico e características de ligação que são diferentes dos outros elementos metálicos. Esta pode ser uma das principais razões pelas quais a zircónia ($ZrO2$) é diferente, em muitos aspectos, de outros óxidos metálicos. Pela sua localização na tabela periódica, a valência caraterística do zircónio deveria ser 4 e o seu número máximo de coordenação (CN) deveria ser 8. No entanto, na realidade, parece que o zircónio quase nunca forma um ião monoatómico de Zr^{4+} nos seus compostos à temperatura ambiente. No trabalho anterior sobre o ZrO_2 [21], verificou-se que o átomo de zircónio não cedia electrões, pelo que nunca apresentava uma carga positiva líquida, mas não aceitava electrões e podia apresentar uma carga negativa líquida. Por conseguinte, o zircónio nunca está ligado a outros átomos por carga eletrostática a uma distância caraterística, o que é típico de outros elementos. Outros trabalhos sobre o composto ZrO_2 realizados por Sidgwick [22], concluíram que o zircónio não podia existir no seu composto como iões, o que implica um carácter não iónico do zircónio. Sobre o comportamento de ligação do zircónio numa solução aquosa, verificaram que o zircónio não formava complexos catiónicos de qualquer tipo e duvidaram da existência de qualquer catião aquoso simples de Zr^{4+} , mesmo numa solução ácida muito forte[23]. No caso dos sais de zircónio [24], uma discussão indica claramente que em solução, os átomos de zircónio estão principalmente ligados covalentemente a outros átomos.

Química estrutural do zircónio

Está bem estabelecido que o ZrO2 tem três formas cristalinas, todas elas intimamente relacionadas com a estrutura cúbica da fluorite ($CaF2$) mostrada na Figura 4.1. Na forma monoclínica da Fig. 4.1 (a), que é estável abaixo de 1000º C, cada átomo de zircónio está coordenado em sete dobras, com a distância ZrO variando de 2,05-2,28 A. Quatro dos sete átomos de oxigénio formam um plano quadrado, que corresponderia a metade de uma matriz cúbica normal de oito dobras. Os outros três formam um triângulo cujo plano é quase paralelo ao plano quadrado formado pelos primeiros quatro átomos de oxigénio. A forma tetragonal, que é estável entre 1000 e 2300ºC 89,90, é uma fase intermédia ou de transição entre a forma monoclínica e a forma cúbica Figura 4.1(b). Nesta estrutura, cada átomo de zircónio está rodeado por oito átomos de oxigénio, mas com distâncias Zr-O desiguais, quatro a 2,06A e os outros a 2,45A. A forma cúbica, que existe apenas acima de 2300º C, também foi bem definida 91. Tem uma estrutura cristalina do tipo fluorite, em que cada átomo de Zr é coordenado por oito átomos de oxigénio equidistantes e é coordenado tetraedricamente por quatro átomos de Zr.

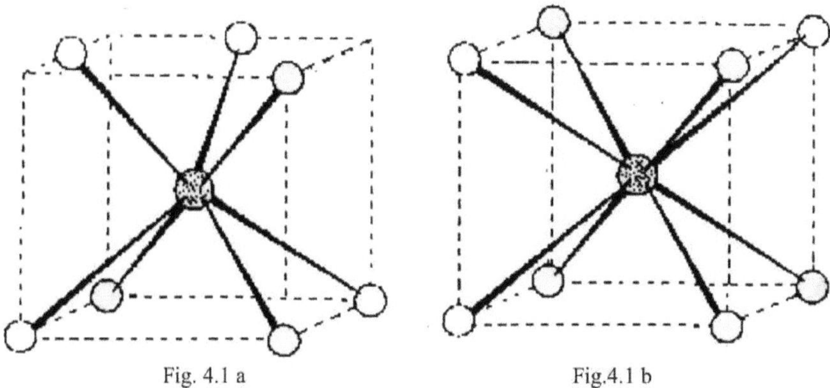

Figura 4.1Dois   ambientes de coordenação possíveis da zircónia: (a) Zircónia monoclínica com coordenação sétupla (b) Zircónia cúbica com coordenação oitava.

A ligação química e o mecanismo de reação do zircónio

A fim de elucidar a natureza da ligação do ZrO2, a ligação química de outros compostos de zircónio deve ser primeiro brevemente revista.

Para o oxigénio, a ligação com o zircónio pode ser iónica, covalente, uma solução intersticial ou uma mistura das três. O tipo que predomina depende da composição, dos defeitos e das condições ambientais do óxido, tais como a temperatura, a pressão e a atmosfera. Em geral, o carácter covalente de um composto iónico aumenta com o aumento da carga do catião ou com a diminuição do tamanho do catião, devido ao aumento da polarização da nuvem eletrónica em torno do anião 86. Uma vez que o ião Zr^{4+} tem um tamanho relativamente pequeno (0,8 A) e uma carga elevada, pode afirmar-se que a ligação no ZrO2 não é simplesmente iónica, mas tem um grau relativamente elevado de carácter covalente. Este carácter covalente, que é geralmente mais orientado orbitalmente do que a contraparte iónica, pode ser uma razão pela qual os átomos de zircónio preferem um número de coordenação de 7 tanto na rede monoclínica como na rede cúbica de ZrO2 estabilizado.

Os mecanismos simples de ativação de di-hidrogénio por derivados de alquilo e hidreto de zirconoceno podem ser claros em relação ao mecanismo de reação de Zr^{+IV} e Zr^{+II} . A transferência de hidrogénio do di-hidrogénio molecular para um substrato ligado a um metal é uma caraterística comum dos catalisadores homogéneos. Considera-se frequentemente que existem dois mecanismos elementares distintos na conversão do di-hidrogénio numa espécie reactiva de hidreto metálico, a partir da qual a necessária transferência de hidrogénio para um substrato ligado a um metal, por exemplo, para uma olefina ou para um grupo alquilo, pode então prosseguir, a saber (a) adição oxidativa da molécula de di-hidrogénio a um centro metálico baixo, resultando num intermediário de di-hidreto metálico, e (b) clivagem heterolítica de H2 por um centro metálico eletrolítico, que após a transferência de um protão para um solvente básico ou molécula de ligando deixa uma espécie de monohidreto ligado a um metal. Recentemente, Gell e Schwartz [24] e McAlister, Erwin e Bercaw [25] descreveram em pormenor algumas reacções de derivados de hidreto de alquilo de zirconoceno com di-hidrogénio, que são difíceis de conciliar com qualquer um destes mecanismos.

A espécie reagente, de tipo geral (C5R5)2-ZrHR', contém um centro de zircónio de estado de oxidação formal (IV). Com um tal centro de zircónio (IV), uma adição oxidativa de H2 não parece viável. Para explicar as suas observações, McAlister, Erwin e Bercaw [25] propuseram um pré-equilíbrio rápido envolvendo um rearranjo intramolecular para a espécie formal de zircónio (II) (C5R5)-(C5R5H) ZrR', que pode absorver H2 numa reação de adição oxidativa. Tendo em conta a tendência primordial do zircónio (II) para se transformar numa espécie de zircónio (IV), se necessário mesmo por adição oxidativa de uma ligação C-H de hidrocarboneto, não parece plausível um rearranjo espontâneo do zircónio (IV) em zircónio (II). Nem uma separação heterolítica de uma molécula de H2 coordenada numa porção de hidreto e uma porção de protão, que foi proposta por Gell e Schawartz [24] para explicar a ativação de H2 por estes e alguns sistemas de reação catalítica relacionados, apresento abaixo os resultados de uma análise orbital molecular de um possível modo de reação que se baseia na ideia de que o H2 pode ser um aducto transitório em qualquer local de coordenação em que o CO (ligando) possa formar um aducto estável. O derivado di-hidreto (C5H5)2 ZrH2 (R=CH3) foi descrito por Bercaw et al. [26] para formar um aduto de CO (ligando) que é estável em solução de tolueno. Para este derivado metalocénico de três coordenadas, devem ser consideradas duas estruturas, I e II, na Figura 4.2.

Figura 4.2Dois   possíveis derivados do diciclopentadienilo [27]

Num estudo teórico anterior sobre as capacidades de coordenação de derivados de diciclopentadienilo de metais de transição, Lauher e Hoffmann [27] salientaram que uma espécie de 16 electrões do tipo (C5H5)2 M(R')2, (M = Ti, Zr) deveria adicionar outro ligando preferencialmente num local de coordenação lateral, uma vez que uma orbital de extensão lateral do fragmento (C5R5)2 MX2 representa a orbital aceitadora mais baixa para o par de electrões σ de um ligando de entrada. Esta preferência parece ser contrabalançada, no entanto, particularmente no caso do derivado di-hidreto [26], por algum fator que favorece o local de coordenação central. Este estudo tem de considerar a possibilidade de a retrodoação do tipo π ser um fator importante para a estabilidade dos aductos de CO (ligando), mesmo para estas espécies d formais. A fonte mais provável de tal doação de densidade eletrónica ao ligando CO são os dois pares de ligação metal-hidrogénio, que são acomodados em orbitais moleculares bastante elevados. A preferência do CO pela coordenação no sítio central do ligando de uma molécula de (C5R5)2 ZrH2 pode resultar desta interação do tipo π, uma vez que a orbital π* de um ligando CO coordenado centralmente pode sobrepor-se a ambas as ligações M-H ricas em electrões. Interacções semelhantes do tipo π terão de ser consideradas para a interação do hidreto de zirconoceno e dos derivados de alquilo com uma molécula de di-hidrogénio. De acordo com Lauher e Hoffmann [27], o mecanismo da reação de inserção de olefinas coordenadas foi mostrado na Equ. -4.1. Como extensão da sua reação de hidrozirconação, Schwartz e colaboradores [R5] observaram que os complexos alquílicos de Zr(IV) que prepararam através de reacções de inserção de olefinas reagem prontamente com Co para dar origem à inserção de CO na ligação metal-alquilo. Esta formação de derivados acílicos a partir de olefinas e CO é semelhante às reacções que ocorrem no processo de hidroformação do metal. Também foram observadas inserções semelhantes de CO para alguns dialquilos de Ti (IV) e Zr (IV). O mecanismo de reação foi apresentado na Equ. -4.2.

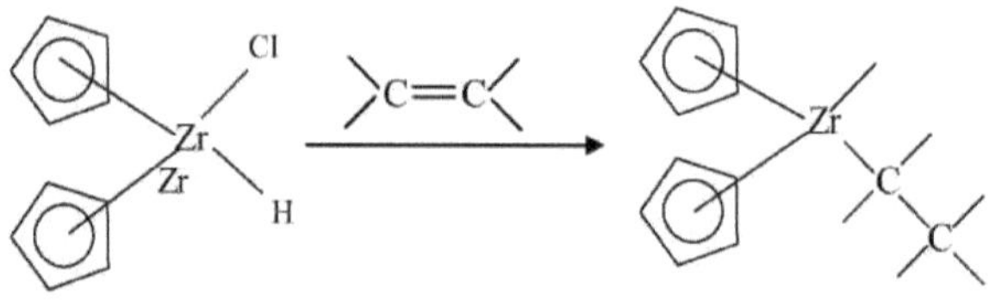

Equation –4.1

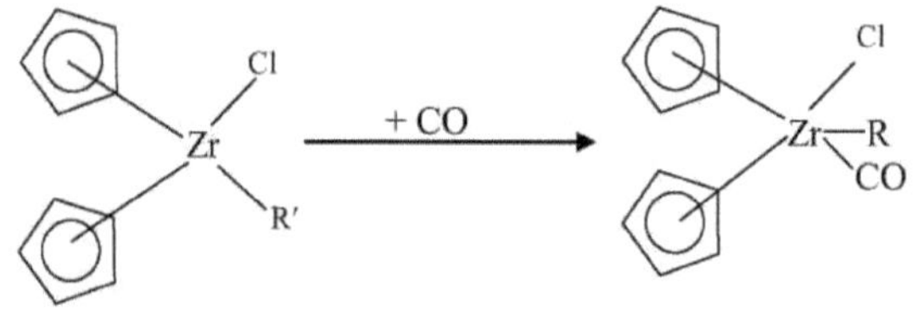

Equation --4.2

A ativação do di-hidrogénio por transferência direta de hidrogénio a partir de uma molécula de H2 coordenada transitoriamente tem uma relação formal não só com a ativação heterolítica do di-hidrogénio, como referido acima, mas também com a ativação do di-hidrogénio por adição oxidativa. Ambas as reacções elementares requerem uma espécie metálica rica em electrões com um sítio de coordenação aberto no qual o H2 pode formar um aduto transitório [28].

Propriedades da superfície da zircónia

As superfícies dos óxidos metálicos apresentam propriedades ácidas, básicas, oxidantes e/ou redutoras. A maioria dos óxidos metálicos apresenta uma das propriedades mais forte do que as outras à superfície. Uma propriedade caraterística do ZrO2 é o facto de as propriedades ácidas e básicas se encontrarem na superfície, embora a sua força seja bastante fraca. Para além disso, também se encontram as propriedades oxidantes e redutoras. Em solução, os ácidos e as bases neutralizam-se imediatamente, mas numa superfície podem coexistir de forma independente. Assim, os sítios básicos e ácidos na superfície dos óxidos funcionam tanto de forma independente como cooperativa. No caso presente, o ZrO2 é um óxido bifuncional ácido-base 92. Para a catálise bifuncional, a orientação dos sítios do par ácido-base é muito importante. A orientação pode ser largamente alterada pelo método de preparação, pelas condições de pré-tratamento e pela adição de pequenas quantidades de outros óxidos metálicos. A fraca força dos sítios ácido e base causa uma elevada seletividade e uma longa vida útil do catalisador, uma vez que as reacções laterais indesejáveis e a desativação do catalisador devido à cozedura ocorrem frequentemente em sítios ácido ou base fortes.

Zircónio na catálise heterogénea

Os catalisadores heterogéneos têm sido amplamente utilizados na indústria. Um catalisador utilizado em catálise heterogénea é um material composto caracterizado pelas quantidades relativas de vários componentes, forma, tamanho, poros, distribuição e área de superfície. Os componentes do catalisador utilizado na catálise heterogénea são os seguintes

- As espécies activas: são constituídas por um ou mais compostos que contribuem cada um com as suas próprias propriedades funcionais diferentes ou interagem entre si criando efeitos sinergéticos nas suas interfaces.

- Os promotores físicos: elementos ou compostos adicionados em pequenas quantidades que ajudam a estabilizar a superfície do material compósito ou que aumentam a sua resistência mecânica.

- Os promotores químicos: elementos ou compostos que modificam a atividade e a seletividade das espécies activas.

- Compostos de suporte presentes em maior quantidade no material compósito que podem desempenhar um papel múltiplo no sistema de catalisador.

A utilização da zircónia como catalisador ou como suporte [29] só é eficaz quando o composto tem uma área de superfície elevada que se mantém estável nas condições do processo. Foram feitas tentativas para utilizar a zircónia como catalisador para vários processos químicos de reação, tanto sob a forma de um óxido único como de óxidos mistos e mistos.

Preparação dos catalisadores

Existem três métodos gerais para a preparação de catalisadores à base de óxidos metálicos:

i.   Precipitação ou coprecipitação, em que uma solução aquosa de um ou mais sais metálicos solúveis é neutralizada pela adição de uma base (geralmente amoníaco aquoso), provocando a precipitação de géis de óxidos metálicos.

ii   . Métodos de sol-gel, que envolvem a utilização de solues coloidais estabilizados de óxidos metálicos. iii. Impregnação, que envolve o tratamento de um gel ou pó de óxido metálico com uma solução de um segundo sal metálico.

No entanto, recentemente tornou-se evidente que a aplicação da técnica sol gel [30] é vantajosa na preparação de catalisadores de óxidos mistos. As principais vantagens das técnicas de sol-gel são: maior controlo da estequiometria e homogeneidade do catalisador, mistura mais eficiente e íntima das partículas a nível nanométrico, maior estabilidade térmica em relação a processos prejudiciais no estado sólido, como a sinterização, a segregação de componentes metálicos nos limites dos grãos e a separação de fases, e maior controlo da dispersão do catalisador em suportes inertes. O princípio básico dos processos de formação de gel consiste em manter juntos, sem segregação, todos os componentes activos presentes numa solução homogénea[31].

Em contrapartida, a coprecipitação dá origem a materiais mal definidos, geralmente acompanhados de uma gama de tamanhos de partículas e de uma densidade muito maior de defeitos de rede. Consequentemente, a coprecipitação não dá, em geral, origem a precipitados homogéneos[32]. É essencial controlar cuidadosamente todos os pormenores do processo, incluindo a ordem e a taxa de adição de uma solução à outra, o procedimento de mistura, o pH e a variação do pH durante o processo e o processo de maturação.

O processo de impregnação é aplicado para obter um bom contacto de um sólido com um líquido que contém componentes a depositar na superfície [32]. Durante a impregnação, ocorrem muitos processos diferentes com taxas diferentes, tais como a adsorção selectiva de espécies por várias forças (Van der Waals, Coulomb ou ligações H), a troca iónica entre a superfície da carga e o eletrólito, a polimerização/despolimerização das espécies (moléculas ou iões) ligadas à superfície e a dissolução parcial da superfície do sólido. Optou-se pela impregnação por imersão ou com excesso de solução. Isto deve-se ao facto de este método permitir controlar muito bem a distribuição da espécie ou do elemento para obter uma elevada dispersão da espécie. A deposição da espécie/elemento ativo nunca é quantitativa, dependêndo da relação sólido-líquido.

EXPERIMENTAL

Reagentes e materiais

A solução-mãe padrão (1000 mg L^{-1}) de Cr(III) foi preparada diluindo Cr (NO3)3 9H2O (Riedel-Haen AG Seelze-Hannover, Alemanha), enquanto a solução-mãe padrão

(1000 mg L^{-1}) de Cr(VI) foi preparada dissolvendo K2Cr2O7 (Merck) em água desionizada. As soluções foram armazenadas em recipientes de polietileno lavados com ácido. O nitrato de zirconilo hidratado (ZrO7N2). x H2O, (Fluka) foi utilizado para a preparação do carvão ativado carregado com zircónio. O pó de carvão ativado (um carvão ativo de grau ultrapuro foi preparado por nós próprios) foi utilizado sem qualquer purificação adicional. Todos os outros reagentes eram de grau analítico e foi utilizada água de grau ultrapuro nanopuro. Nos procedimentos de adsorção e coprecipitação foram utilizados frascos de polietileno para lixiviação e todo o material de vidro foi lavado com ácido (10% HNO3 durante a noite). A película de Maylar (3,0 um de espessura) foi utilizada como suporte de amostras no suporte de amostras para filtros carregados (papel de filtro de membrana de nitrato de celulose, Whatman, tamanho de poro 0,45 µm, 47 mm de diâmetro).

Aparelhos

O novo nome de EDXRF é também, a fonte de raios X é um tubo de raios X de 50 kW (NÃO RADIOISÓTOPO) e o sinal é então identificado aos seus elementos por um analisador multi-canal. As medições EDXRF foram feitas com uma versão mais recente do espetrómetro JORDON VALLEY Ex-3000, EUA, equipado com um detetor de Si (Li) de estado sólido, um microcomputador para tratamento de dados e controlo do instrumento. A amostra foi excitada numa fonte anular de raios X, que é um tubo de raios X de 50 kW, e os sinais foram depois identificados nos seus elementos por um analisador multicanal. Dependendo da concentração, o crómio nas soluções da amostra foi determinado com o espetrómetro GBC Scientific Equipment AAS-Avanta, equipado com um atomizador de grafite aquecido transversalmente GF 3000 e um amostrador automático GBC-Pal 300. O instrumento estava equipado com um dispositivo adequado de correção de fundo, capaz de remover absorvâncias não específicas indesejáveis na região espetral de interesse. Foi dada preferência à capacidade de registar sinais transitórios relativamente rápidos (< 1 seg.) e de avaliar os dados com base na área dos picos. Além disso, foi utilizado um banho de refrigeração com recirculação para melhorar a reprodutibilidade das temperaturas do forno. De acordo com as directrizes do fornecedor, foi utilizada a plataforma de temperatura estabilizada e a correção dos fundos Zeeman. As lâmpadas de cátodo oco de elemento único foram utilizadas juntamente com as fontes de alimentação associadas e o azoto gasoso fornecido era altamente puro (grau de pureza elevado, 99,99%). Neste trabalho, foi utilizado um espetrómetro de massa de plasma indutivamente acoplado, capaz de varrer a gama de massas de 5-250 amu (unidade de massa atómica) com uma capacidade de resolução mínima de 1 amu de largura de pico a 5% de altura de pico. O instrumento foi equipado com um sistema de deteção de gama dinâmica alargada. O Perkin Elmer SCIEX ELAN 6000 ICP-MS foi utilizado na análise de água potável. O ELAN 6000 é a última geração de ICP-MS, que combina alta sensibilidade com cada utilização e alto rendimento de amostra. O ELAN 6000 ICP-MS está equipado com cones de amostragem e de escumadeira de platina. Uma bomba peristáltica Gilson bombeia as amostras a partir de tubos dispostos num amostrador automático Perkin-Elmer As-90 para uma câmara de pulverização ciclónica de vidro com um nebulizador MEINHARD TR-30-C3. O spray resultante é introduzido no plasma com um fluxo de gás árgon do nebulizador de aproximadamente 1 L min^1 . O instrumento foi calibrado em massa (sintonizado) com uma solução de 10 ppb de Be, Mg, Co, Rh, Cs e Pb: as resoluções dos picos foram ajustadas para aproximadamente 0,7 amu. A otimização da voltagem analógica e de impulsos, a calibração do detetor duplo e as voltagens das lentes (lentes automáticas) foram efectuadas de acordo com as especificações do fabricante antes de cada ciclo analítico. As características de desempenho do instrumento foram ajustadas através de alterações no caudal do nebulizador para obter resultados nas gamas médias de intensidade líquida de desempenho diário, de acordo com o fornecedor do instrumento. O gás árgon fornecido era altamente puro (grau de pureza elevado, 99,99%). Foi utilizada uma bomba peristáltica de velocidade variável para o fornecimento da solução ao nebulizador. Foi utilizado um controlador de fluxo de massa no fornecimento de gás do nebulizador para controlo do fluxo. Foi utilizada uma câmara de pulverização arrefecida a água para obter benefícios na redução de alguns tipos de interferências (por exemplo, de espécies de óxidos poliatómicos). Neste trabalho, tentámos seguir as condições de funcionamento recomendadas pelo fabricante e, depois de verificarmos que o instrumento

A configuração e as condições de funcionamento satisfazem os requisitos analíticos e a manutenção de dados de controlo de qualidade que verificam o desempenho do instrumento e os resultados analíticos. Se fosse utilizado um detetor multiplicador de electrões, seriam tomadas precauções, sempre que necessário, para evitar a exposição a um elevado fluxo de iões. Caso contrário, poderão ocorrer alterações na resposta do instrumento ao multiplicador.

Preparação da amostra

Um volume conhecido da solução-mãe padrão foi diluído a 0,100 L com água ultra pura para a preparação da amostra num frasco de polietileno para lixiviação.

Preparação de Zr-AC

Colocou-se um peso fixo (em gms) de carvão ativado numa solução de nitrato de zirconilo e a suspensão foi agitada com um agitador magnético à temperatura ambiente durante um certo tempo. O material resultante (Zr-AC) foi filtrado, lavado com água até ficar isento de nitratos e seco ao ar.

Etapa 1 {Coprecipitação de Fe (OH) 3}: O pH da solução de amostra foi ajustado para 9,0+0,2 com solução tampão NH3-NH4Cl e foi adicionado 1,0 mL de solução 0,1M FeCl3 (cerca de 5,6 mg Fe). O precipitado formado foi deixado coagular durante pelo menos 20 minutos, após o que se adicionou 0,100 g de carvão ativado em pó. A mistura foi agitada e deixada em repouso durante algum tempo antes da filtração. Após a filtração, os filtros carregados foram secos ao ar à temperatura ambiente durante uma noite.

Fase 2 (adsorção de Zr-AC): O filtrado foi vertido num segundo frasco de polietileno para lixiviação e o pH da solução da amostra foi ajustado para 3,9 +0,2 com soluções de NaOH e HNO$_3$. Adicionou-se Zr-AC (0,100 g) à amostra e, após agitação, a mistura foi deixada em repouso durante algum tempo antes da filtração. Os filtros carregados foram secos ao ar à temperatura ambiente durante a noite. (As etapas 1 e 2 também podem ser efectuadas na ordem inversa)

Calibração EDXRF

Os filtros carregados foram colocados entre duas folhas de Mylar e colocados num suporte de amostras. A radiação K do crómio (5,41 K eV) foi medida por EDXRF utilizando a região de interesse (ROI) de 300 eV e o tempo de medição de 500s. Para evitar o efeito da falta de homogeneidade da camada de amostra no filtro, cada amostra foi medida três vezes, com a amostra virada cerca de 90° entre as duas medições.

Os padrões de calibração foram preparados diluindo um volume conhecido da solução-mãe padrão de crómio para 100 mL com água pura. Foram utilizadas concentrações de analito entre 5 e 200 μg L^{-} 1 e foram preparadas três réplicas de cada uma. Os ensaios em branco e os padrões de calibração foram efectuados da mesma forma que as amostras. A curva de calibração do Cr (III) e do Cr (VI) é apresentada nas figuras 4.3 e 4.4. A linha de radiação de dispersão de Compton do Mn Kα está tão próxima da linha do Cr Kα que causou um fundo considerável e foi subtraída dos valores padrão. O valor médio das quatro réplicas corrigido em relação ao branco foi utilizado para a calibração. Um exame das linhas de emissão da fluorescência de raios X revelou que a interferência por sobreposição com a linha Kα do crómio era insignificante, exceto no caso da linha Kβ (5,42 ke V) de baixa intensidade do vanádio. Se o vanádio estiver presente na amostra, deve ser feita uma correção de interferência. Não são necessárias correcções para outros efeitos de matriz e para a espessura da amostra.

Calibração GFAAS e ICP-MS

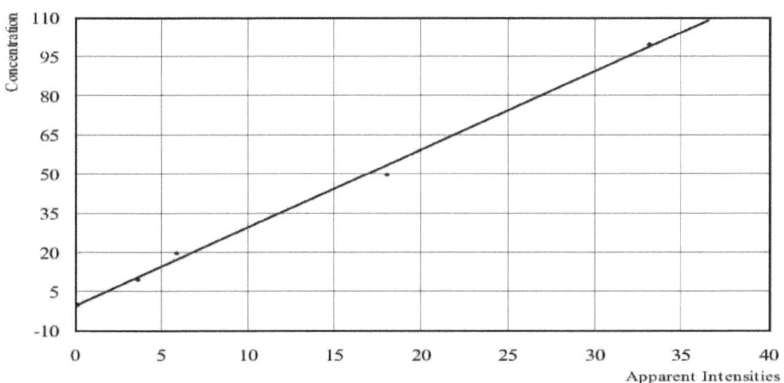

Figura 4.3: Curva de calibração do Cr (III) por EDXRF

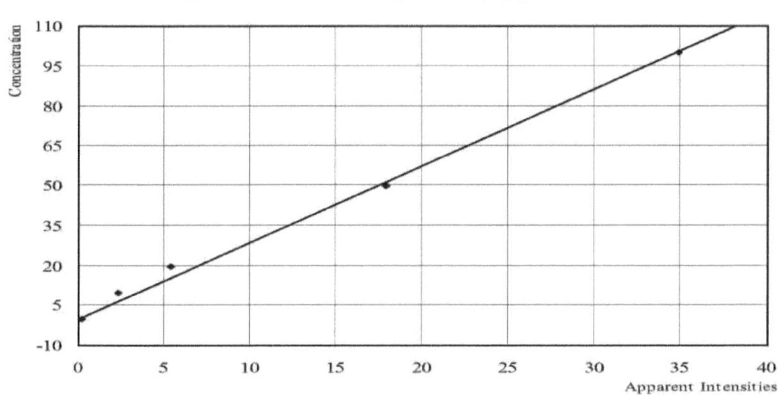

Figura 4.4: Curva de calibração do Cr (VI) por

As determinações do crómio em solução por espetrometria de absorção atómica em forno de grafite (GFAAS) e por espetrometria de massa com plasma indutivamente acoplado (ICP-MS) foram efectuadas nas condições de funcionamento recomendadas pelo fornecedor. Os padrões para a calibração dos aparelhos GFAAS e ICP-MS foram obtidos a partir da solução-mãe de crómio, diluindo-a em água pura. Foram efectuadas três medições em duplicado. As curvas de calibração padrão do Cr são apresentadas nas Fig. 4.5 e Fig. 4.6.

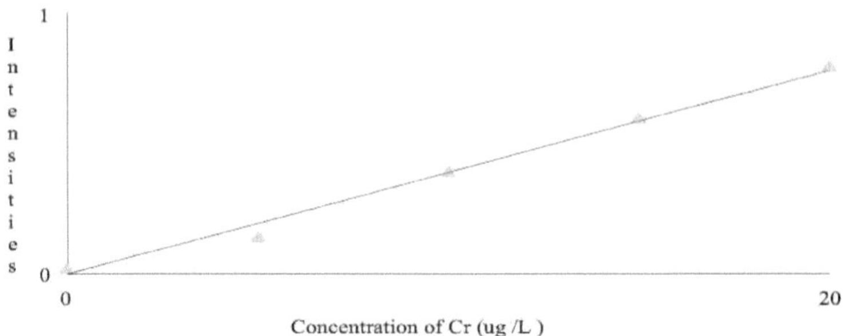

Figura 4.5: Curva de calibração do Cr por GFAAS e R2: 0.991

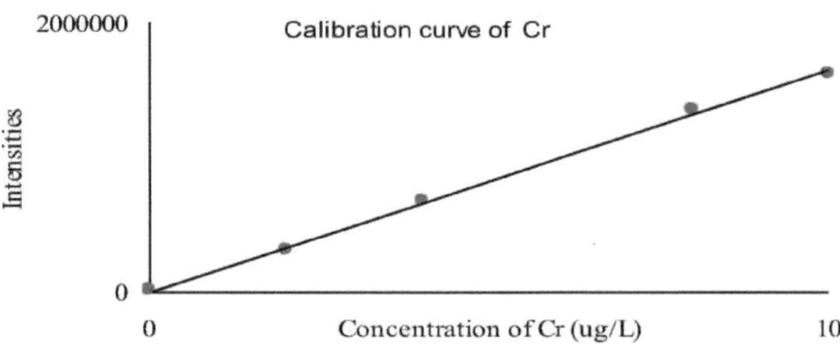

Figura 4.6: Curva de calibração do Cr por ICP-MS e R.0.998

RESULTADOS E DISCUSSÃO

A separação quantitativa de Cr (VI) e Cr (III) foi possível na gama de pH 3,5 a 9,0, em que o Cr (IV) foi adsorvido no Zr-AC quase quantitativamente (>97,5%) e a adsorção de Cr (III) foi insignificante (menos de 1,0%) [8, 10].

A adsorção de Cr (VI) sobre o Zr-AC

O comportamento de adsorção do ião dicromato, $Cr_2O_7^{2-}$, foi estudado em função do pH da solução da amostra e revelou-se semelhante ao do ião cromato. A adsorção de

A adsorção de Cr (VI) em Zr-AC ocorreu quase imediatamente. O aumento do volume da amostra de 100mL para 500mL não teve qualquer efeito na quantidade de Cr (VI) adsorvida. Quando se utilizou 0,100 g de Zr-AC como adsorvente, a adsorção de Cr (VI) aumentou linearmente até 98,22 μg L$^-$ 1 de concentração de crómio; o abrandamento da adsorção a um valor de pH mais elevado (9,0+0,2) significa que a capacidade de adsorção do Zr-AC abrandou. Na Figura 4.5, podemos observar que a capacidade de adsorção do Zr-AC foi excelente no intervalo de pH (3,8+0,2-7,0+0,2). A adsorção foi boa (permitida) até o valor de pH ser 8,0, mas com um valor de pH de 9,0+0,2 a adsorção tornou-se lenta e a capacidade reduziu-se para 37,66 μg L^{-1} . A quantidade de Zr-AC pode ser aumentada até 0,3 g sem quaisquer problemas de excitação da amostra nas medições EDXRF devido ao aumento da espessura da amostra no filtro e à matriz mais pesada, mas quantidades superiores a 0,2 g são difíceis de manusear para colocação na manga.

Coprecipitação de Cr (III) com Fe (OH)3

O Cr(III) foi recolhido quantitativamente no precipitado de Fe(OH)3 a pH 9,0 e o precipitado coloidal foi ligado a carvão ativado (CA) (0,100g), tanto para facilitar a filtração do precipitado como para obter uma amostra suficiente e uniforme para a determinação por EDXRF. Quando se permitiu que o precipitado de Fe (OH)3 coagulasse durante pelo menos 20 minutos antes da adição de carvão ativado, a taxa de filtração aumentou consideravelmente. A quantidade de Cr (III) coprecipitado aumentou linearmente até 100μg L^{-1} concentração de crómio, após o que o valor do pH da amostra aumentou ligeiramente para 9,0+0,2. Quando o valor de pH era 3,0+0,2 a capacidade de adsorção era quase nula e o valor de pH 9,0+0,2 a capacidade de adsorção de 98,32 μg L^{-1} , como se pode ver na Figura 4.5. Nas condições utilizadas, o Cr (VI) não foi recolhido pelo precipitado de Fe (OH)3 no CA. A capacidade de adsorção do Cr (VI) no Zr-AC e do Cr (III) no carvão ativado (CA) é apresentada na Tabela 4.1.

Tabela 4.1: Capacidades de adsorção do carvão ativado (CA) e do carvão ativado modificado (Zr-CA) em diferentes valores de pH

pH Value→		3.0	5.0	7.0	8.0	9.0
Cr(III)	Conc. into filtrate(μg L^{-1})	101.75±5.87	75.34±4.32	35.01±6.70	17.98±4.9	1.68±4.82
	Adsorption onto AC %	0	24.66	64.99	82.02	98.32
Cr(VI)	Conc. into filtrate (μg L^{-1})	1.78±0.67	1.41±0.98	4.48±2.02	5.18±1.76	62.34±4.67
	Adsorption onto Zr-AC %	98.22	98.59	95.52	94.82	37.66

Os dados em bruto são apresentados no Apêndice D (116-119)

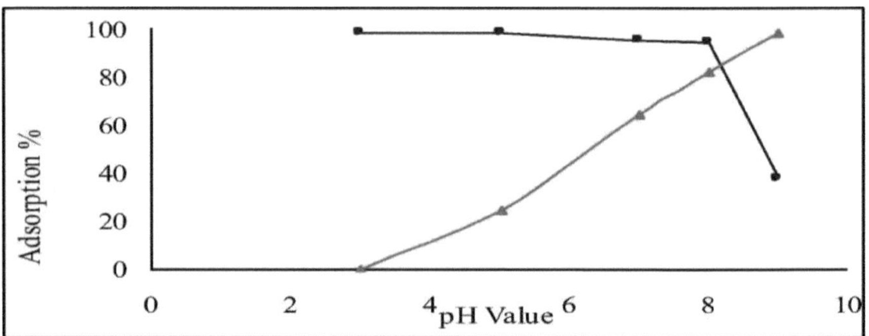

Figura 4.7: Adsorção -▲- Cr (III) e -·-Cr (VI) sobre AC e Zr-AC

Especiação e determinação por EDXRF de Cr (VI) e Cr (III)

Amostras de controlo de qualidade preparadas no Laboratório MINT e na UTM contendo diferentes concentrações (5,0-25,0 μg L para GFAAS e 2,0 - 10,0 μg L^1 para ICP-MS) de Cr (IV) e Cr (III) na mesma solução de amostra, foram preparadas a partir de soluções de reserva por diluição com água pura, tendo sido preparadas cinco réplicas de cada. Os resultados obtidos das soluções-padrão mostraram uma boa precisão medida por GFAAS e ICP-MS e os resultados são apresentados na Tabela-4.2. As amostras foram recolhidas ao longo de todo o processo de separação, variando a ordem das etapas de especiação, e a quantidade de crómio nos filtros carregados foi medida por EDXRF utilizando uma calibração adequada. Os resultados foram exactos e de boa precisão, indicando que o Cr (IV) e o Cr (III) foram separados quantitativamente, independentemente da ordem das etapas. Os valores de .S.D ao nível de $5,0\mu g/L$ foram inferiores a 10% tanto

para o Cr (VI) como para o Cr (III) e podem ser considerados como representando a precisão do método total.

O desempenho do método na presença de matriz interferente foi testado com a água de superfície enriquecida

com solução de Cr (IV). As amostras assim preparadas, contendo 5,0 μg L^1 cada uma de Cr (IV) e Cr (III),

foram tratadas como descrito acima. A Tabela-4.2 mostra as recuperações de Cr(VI) e Cr(III), e os limites de

confiança expressos são tomados para 95% de probabilidade por EDXRF. Continha As (V), Se (VI), Hg (II),

Cd, etc., que também foram adsorvidos no Zr-AC, mas as suas concentrações eram tão baixas que não

perturbaram significativamente a adsorção de Cr (IV). O $Fe(OH)_3$ precipita com As (III), Se (IV), Hg (I) e Pb

na mesma solução de amostra no CA, mas estes elementos não interferiram com a determinação do Cr (III),

porque o seu pico de reflexão é diferente.

Uma vez que tanto a adsorção de Zr-AC como a coprecipitação de Fe (OH) $_3$ eram selectivas para

apenas uma das espécies de crómio Cr (VI) e Cr (III), respetivamente, foi estudada a viabilidade de variar a

ordem das etapas. Esperava-se que ocorresse alguma perda do analito a recolher na segunda fase durante as

primeiras fases, pelo que foram preparados gráficos de calibração separados (5,0-200 Cr μg L^{-1}) para o Cr

(IV) e o Cr (III). A intensidade da radiação $K\alpha$ do crómio nos filtros carregados foi medida por EDXRF e as

linhas de regressão para o Cr(VI) e o Cr(III) foram calculadas a partir dos dados experimentais. Os valores de

m (sensibilidade), b (correção de fundo) e o coeficiente de correlação para as linhas de regressão (y = mx+b)

do crómio são apresentados no Quadro-4.3. Na equação, y é a taxa de contagem líquida (contagens/s) e x é a

quantidade de crómio em μg L. O Quadro-4.3 apresenta também os limites de deteção para o Cr(VI) e o Cr(III)

totais, calculados como $\left(\left(\dfrac{3}{m}\right)\left(\dfrac{b}{t}\right)^{\frac{1}{2}}\right)$, em que t é o tempo de medição (200s). Estes cálculos foram efectuados

por um programa informático.

Determinação de Cr(VI) e Cr(III) numa amostra de água ambiental

Os teores de Cr (VI) e Cr (III) em quatro amostras de água de soluções de processo de quatro zonas

industriais diferentes foram determinados pelo novo método e os resultados das amostras são apresentados no

Quadro 4.2. As amostras RW (1 e 2) foram retiradas da zona poluída de Negri Sembilan e as amostras RW (3 e 4) foram tratadas como zona poluída de Melaka. A fim de obter concentrações adequadas de espécies de crómio para as etapas de separação, as porções de 2,0 ml da amostra RW foram diluídas duas vezes com água pura para as análises GFAAS e cinco vezes para as análises ICP-MS antes da preparação da amostra. Dado que a amostra RW continha mais de dez vezes mais Cr(IV) do que Cr(III), foram necessárias diluições diferentes para as duas etapas de separação. Quando a adsorção de Zr-AC foi efectuada primeiro, porções de 50 mL da amostra foram diluídas com água até 100 mL e o teor de Cr(III) da amostra diluída em água era demasiado baixo para ser determinado.

Os resultados (quadro 4.3) mostram que o novo método é adequado para a separação e determinação de Cr (III) e Cr (IV) em águas superficiais poluídas e que os outros elementos presentes nas soluções da amostra não interferem. Embora a ordem das duas etapas de separação possa normalmente ser variada, uma diferença significativa na concentração das espécies de crómio na solução da amostra pode impedir que tal aconteça em alguns casos. Os teores totais de crómio, calculados como a soma dos resultados EDXRF do Cr (III) e do Cr (IV) e os teores totais de crómio medidos por GFAAS e ICP-MS, também estavam em boa concordância entre si. A água da RW 4 de Melaka era água poluída, não sendo higiénica para consumo humano sem qualquer tratamento. A fonte de água bruta a montante pode ser uma fábrica de ligas metálicas, outras fábricas de galvanização, indústrias de curtumes, tinturaria oxidativa e torres de água de arrefecimento, Cr (VI) e Cr (III) entram no ambiente (águas superficiais) como efluentes de descarga.

Tabela-4.2: Resultados de precisão e recuperação obtidos para o Cr por diferentes métodos

Instrument	Inserted con. (μgL^{-1})	Calculated con. (μgL^{-1})	% Recovery	IDL (μgL^{-1})
ICP- MS (Total Cr)	2.0	1.95±0.67	97.50	0.25
	4.0	4.39±1.70	109.75	
	8.0	8.10±3.65	101.30	
	10.0	9.62±1.67	96.26	
GFAAS	Inserted con. (μgL^{-1})	Calculated con. (μgL^{-1})	% Recovery	IDL (μgL^{-1})
(Total Cr)	2.5	2.86±0.01	114.4	1.14
	5.0	5.33±0.02	106.6	
	5.0	5.32±0.02	106.4	
	10.0	11.01±0.03	110.1	
EDXRF	Inserted con. (μgL^{-1})	Calculated con. (μgL^{-1})	% Recovery	IDL (μgL^{-1})
Cr(III)	0	2.60±0.09		1.62
	10.0	10.92±2.98	109.20	
	20.0	18.90±0.95	94.50	
	50.0	46.83±0.25	93.66	
	100.0	92.50±0.18	92.50	
Cr(VI)	0	2.87±0.01		2.33
	10.0	8.98±1.02	89.80	
	20.0	17.70±2.27	88.50	
	50.0	47.44±2.35	94.88	
	100.0	100.40±2.41	100.40	

Os dados em bruto são apresentados no Apêndice D (116-123)

Tabela 4.3: Resultados da especiação de Cr (VI) e Cr(III) pelos métodos EDXRF e resultados obtidos
por GFAAS e ICP-MS

Sample ID	EDXRF Method			GFAAS Method	ICP-MS Method
	Cr (VI)	Cr (III)	Total Cr	Total Cr	Total Cr
RW-1	10.03±0.14	6.97±0.17	17.003±0.31	17.26±0.02	16.92±11.4
RW-2	4.88±0.73	2.63±0.55	7.5±1.28	1.01±0.02	0.57*±0.3
RW-3	18.26±0.67	11.19±0.61	29.456±1.28	31.56±0.64	28.62±8.93
RW-4	27.12±1.53	18.08±3.19	45.193±4.72	51.31±0.01	50.09±18.9
10ppb	10.39±0.21	10.76±1.23		11.01±0.03	9.63±1.67
5ppb	5.88+0.21	6.18±1.31		5.33±0.02	

Os dados em bruto são apresentados no Apêndice D (116-123)

Conclusão

Os teores de analitos nas águas ambientais são geralmente tão baixos que os métodos atualmente disponíveis não são diretamente adequados para eles. Neste trabalho, foi desenvolvido um procedimento para a pré-concentração, tendo-se verificado que o pH de (3-8) e (7-9) era ótimo para a adsorção selectiva de Cr (VI) e Cr (III) no carbono Zr-AC e no precipitado de Fe (OH)3 no AC normal, respetivamente. O carbono Zr-AC foi considerado o melhor adsorvente para o Cr (VI) numa vasta gama de pH. O método desenvolvido é adequado para a separação do Cr (VI) e do Cr (III) entre si e para as determinações por EDXRF. O analito foi analisado por instrumentos sofisticados conhecidos de ICP-MS e GFAAS como contra-verificação. Ambos os resultados foram coincidentes. Além disso, o método é simples, relativamente rápido e de boa precisão e exatidão. Pode ser utilizado para águas residuais industriais e soluções de processo. O método também pode ser utilizado para a pré-concentração de espécies de crómio em água potável com um volume de amostra de 100 ml e um fator de concentração de 10. Além disso, o Zr-AC é potencialmente um material útil para a remoção de Cr (VI) de soluções de águas residuais.

Referências

1.   Versieck, J. e Cornelis, R. (1989); "Trace Elements in Human Plasma or Serum". CRC Press; Bica Raton. FL.

2.   Hayes, R. B. Regional and Environmental Aspects of Chromium" 1982; Elsever; Amesterdão.

3.   Ottaway, J. M and Fell, G. S; (1986); "Determination of chromium in biological materials" *Pure App. Chem.*; **58** 1707-1711.

4.   Wang, J.; Ashley, K.; Marlow, D.; Ellen, C. E. e Carlton, G. (1999); " Field Method for the determination of Hexavalent Chromium by Ultrsonication and Strong Anion-Exchange Solid-Phase Extraction." *Anal. Chem.*; **71**; 1027-1032.

5.   Agência de Proteção Ambiental dos EUA (EPA); (1984) "Avaliação dos Efeitos na Saúde do Crómio Hexavalente". EPA-540/1-86-019; EPA; Washington DC.

6.   Garcia, E. A e Gomis, D. B.; (1997); "Speciation Analysia of Chromium Using Crypand Ethers".

Analyst; 122; 899-902.

7.   Sperling, M.; Yin, X. e Wetz, B. 1992; Deferential determination of Cr (VI) and total chromium in natural waters using flow injection on line separation and pre concentration Electro-thermal atomic absorption spectrometry". *Analys* t, **117**; 629-635.

8.   Hawang. J. D and Wang, W. J, (1994); "Determination of hexavalent chromium in environmental fly ash sample-atomic emission spectrometer with ammonium ion-complexation". *Appl., Spectrosc.*, **48**; 1111-1117.

9.   Leyden, D. E., Channell, R. E. e Blount, C. W. (1972) "Determinação de quantidades microgramas de crómio (VI) e/ou crómio (III) por fluorescência de raios X". *Anal. Chem.*, **44**, 607-615.

10.   Johnson, C. A., (1990) "Técnica rápida de permuta iónica para a separação e pré-concentração de crómio (VI) e crómio (III) em águas doces". *Anal. Chemica. Ata*, **238**; 273-278.

11.   Batley, G. E. e Matousek, J.P., (1980) "Determination of chromium speciation in natural waters by electrode position on graphite tubes for Electro thermal atomization". *Anal. Chem.*, **52**; 1570-1574.

12.   Mugo, R. K e Orians, K. J (1993) "Seagoing methods for the determination of chromium (III) and total chromium in sea water by electron capture detection gas chromatography". *Anal. Chim. Ata*, **271**, 1-9.

13.   Osaki, S., Osaki, T., Hirashima, N e Takashima, Y (1983) "Speciation of chromium (VI)/ chromium (III) in lack waters". *Talanta*, **30**, 523-529.

14.   Leyden, D. E., Goldbach, K e Ellis, A.T (1985) "Preconcentration and X-Ray spectrometric determination of As(III/V) and Cr(III/VI) in water". *Anal. Chim. Ata*, **171**, 369-374.

15.   Ahern, F., Eckert, J. M., Payne, N. C e Williams, K. L (1985) "Speciation of chromium in sea water" *Anal. Chim. Ata*, **175**, 147-151.

16.   Cranston, R. E e Murray, J. W (1978) "Determination of chromium species in natural waters". *Anal. Chim. Ata*, **99**, 275-282.

17. Nakayama, E., Kuwamoto, T., Tokoro, H e Fujinaga, T (1981) "Chemical speciation of chromium in sea water". *Anal. Chim. Ata*, 131, 247-254.

18. Kovayashi, E.; Sugai, M e Satoshi, I; (1984); "A adsorção de As (III) e As (V) em carvão ativado com zircónio". Nippon Kakagu Kaishi; 656- 660.

19. Rajakovic L. V; (1992); "A study of adsorption of As (III) and As (V) onto activated charcoal impregnated with metallic silver or copper." *Sep. Sci. Tech.*; **27**; 14231433.

20. Peraniemi, S; Hannonen, S; Mustalhati, H e Ahlgren, M (1994) "Zirconium-loaded activated charcoal as an adsorbent for arsenic, selenium and mercury." *J. Anal. Chem.*, **349**; 510-515.

21. Blumenthal, W. B., (1958), "The chemical behavior of zirconium". Van Norstad: Nova Iorque, 36-41.

22. Sidgwick, N. V., (1932), "The electron theory of valency". Oxford University Press; Londres, 273-278.

23. Cotton, F. A e Wilkison, G., (1965), "Advance inorganic chemistry". Willy Iterscience; 4th edição.

24. Gell, K. I. e Schwartz, J., (1978), "Hydrogenation of do complexes: Zircónio (IV) hidreto de alquilo". *J. Am. Chem. Soc.*, **100**; 3246-3248.

25. McAlister, D. R., Erwin, D. K., e Bercaw, J. H., (1978), "Reductive elimination of isobutane from an isobutyl hydride derivative of bis(pentamethylcyclopentadienyl) zirconium." *J. Am. Chem. Soc.*, 100; 59665968.

26. Manriquez, J. M., McAlister, D. R., Sanner, R. D. e Bercaw, J. E., (1976), "Stoichiometric hydrogen reduction of carbon monoxide to methanol promoted by derivatives of bis(pentamethylcyclopentadienyl) zirconium". *J. Am. Chem. Soc.*, **98**; 6733-6735.

27. Lauher, J. W. e Hoffmann, R., (1976), "Structure and chemistry of bis(cyclopentadienyl)-MLn Complexes". *J. Am. Chem. Soc.*, **98**; 1729-1742.

28. Brintzinger, H. N., (1979), "Mechanisms of dihydrogen activation by zirconocene alkyl and hydride derivatives and A molecular orbital analysis of a 'direct hydrogen transfer' reaction mode." *J.*

Organo. Chem., **171**; 337-344.

29. Shibagaki, M., Takashi, K., e Matsushita, H., (1988), "The catalytic reduction of aldehydes and keton with 2-propanol over hydrous zirconium oxide". *Bull. Chem. Jpn.*, **61**(9); 3283-3288.

30. Harison, P. G. e Azelee, W., (1994), "Gel routes to Environmental catalysts". *J. of Sol Gel Sci. and Tech.*, **2**; 813-817.

31. Livage, J., (1998), "Sol gel synthesis of heterogeneous catalysis from aqueous solutions". *Catalysis Today*, **41**; 3-19.

32   Le Page, J. F., (1987), "The preparation of catalysts; Applied heterogeneous catalysis: Conceção, fabrico, utilização de catalisadores sólidos". Editions Technic; Paris, 75-123.

CAPÍTULO 5

Conclusão

O presente estudo sugere que a técnica ICP-MS é uma técnica ideal para a determinação de metais pesados e vestigiais, uma vez que pode melhorar o limite de deteção. Devido à sua rapidez, sensibilidade e capacidade multielementos, a ICP-MS é de grande interesse para a determinação de rotina de metais vestigiais. Os limites de deteção obtidos por GF-AAS para metais pesados e vestigiais, como Cr, Cu, As, Cd, Sb e Pb, são, respetivamente, 1,14, 2,09, 4,47, 2,65, 22,5 e 3,21 μg L^{-1} , e os limites de deteção obtidos por ICP-MS para Cr, Cu, As, Se, Cd, Sb e Pb são, respetivamente, 250, 66, 59, 48, 8, 85 e 3,28 $\times 10^3$ pg L^{-1} .

Os métodos de extração actuais podem ser facilmente alargados com uma simples retro-extração. Os metais vestigiais podem ser rapidamente retro-extraídos de solventes orgânicos adequados. O MeHg(II) só pode ser rapidamente extraído de amostras aquosas por clorofórmio. As vantagens da extração para uma solução orgânica são numerosas. O extrato pode ser armazenado e a solução final é adequada para GFAAS. O limite de deteção pode ser obtido por GFAAS para MeHg (II) é de 0,44 μg L^{-1} . Após algumas modificações, o limite de deteção total de mercúrio é Hg (II) por FI-MS é de 0,53 μgL^{-1} . Além disso, as recuperações são facilmente avaliadas, em comparação com padrões aquosos. Isto é possível se não estiverem presentes interferências da matriz. Estes métodos analíticos produziram um grande fator de aumento do sinal.

Os resultados obtidos para a especiação de As (III) e As (V) e a determinação direta do As inorgânico total mostraram uma boa concordância entre si. As boas recuperações para as espécies As (III) e As (V) permitiram que este método fosse utilizado para a determinação de arsénio de baixo nível. Além disso, verificou-se também que é adequado para numerosas matrizes que podem ser dissolvidas em ácidos, especialmente em ácido nítrico.

Neste estudo, foi desenvolvido um procedimento para a pré-concentração, verificou-se que o pH de (3-8) e (7-9) era ótimo para a adsorção selectiva de Cr (VI) e Cr (III), em carbono Zr-AC e precipitado de Fe (OH)3 em AC normal, respetivamente. O carbono Zr-AC foi considerado o melhor adsorvente para o Cr (VI) numa vasta gama de pH. O método desenvolvido é adequado para a separação do Cr (VI) e do Cr (III) entre si e para as determinações por EDXRF. O analito foi analisado utilizando instrumentos sofisticados e fiáveis de ICP-MS e GFAAS como contra-verificações. Ambos os resultados coincidiram. Além disso, o método é simples, relativamente rápido e de boa precisão e exatidão. Pode ser utilizado para águas residuais industriais e soluções de processo. Este método pode também ser utilizado para a pré-concentração de espécies de crómio na água potável com um volume de amostra de 100 ml e um fator de concentração de 10. Além disso, o Zr-AC é um material potencialmente útil para a remoção de Cr (VI) de soluções de águas residuais.

Method Name: hg3299
Method Description: hg in water
Element: Hg

Date: 02/03/1999
Technique:FI-MHS
Calibration Type:
Hg, Zero Intercept: Nonlinear
Wavelength: 253.7 nm
Sample Info Name: HG3299.SIF   Results Data Set Name: 3299

Element: Hg   Seq. No. : 1   As Loc. : 1   Date: 02/03/1999
Sample ID: Calib Blank

Repl #	SampleConc µg/L	StndConc µg/L	BlnkCorr Signal	Peak Area	Peak Height	Time	Peak Stored
1			-0.0101	-0.3946	-0.0101	03:33:56	No
2			0.0063	0.0656	0.0063	03:34:31	No
3			0.0079	0.0895	0.0079	03:35:05	No
Mean :			0 0014				
SD :			0.0100				
%RSD :			713..9843				

Auto-zero performed.

Element: Hg   Seq. No. :   2   As Loc. : 2   Date: 02/03/1999
Sample ID: 5ppb

Repl #	SampleConc µg/L	StndConc µg/L	BlnkCorr Signal	Peak Area	Peak Height	Time	Peak Stored
1			-0.0387	-0.3281	-0.0400	03:36:24	No
2			0.0401	0.3539	0.0415	03:36:58	No
3			0.0401	0.3530	0.0415	03:37:32	No
Mean :			0.0396				
SD :			0.0008				
%RSD :			2.0702				

[Hg] Standard number 1 applied.   [5.000]
Correlation Coefficient :   1.00000   Slope : 0.00792

Element: Hg   Seq. No. :   3   As Loc. : 3   Date: 02/03/1999
Sample ID: 10ppb

Repl #	SampleConc µg/L	StndConc µg/L	BlnkCorr Signal	Peak Area	Peak Height	Time	Peak Stored
1			0.0804	0.6746	0.0818	03:38:52	No
2			0.0779	0.6520	0.0793	03:39:26	No
3			0.0767	0.6388	0.0781	03:40:00	No
Mean :			0.0783				
SD :			0.0019				
%RSD :			2.4379				

[Hg]Standard number 2 applied.   [10.00]
Correlation Coefficient :   1.00000   Slope: 0.00801

Element: Hg   Seq.No. :   4   As Loc. : 4   Date: 02/03/1999
Sample ID: 15ppb

Repl #	SampleConc µg/L	StndConc µg/L	BlnkCorr Signal	Peak Area	Peak Height	Time	Peak Stored
1			0.1195	1.0070	0.1209	03:41:23	No
2			0.1159	0.9592	0.1173	03:41:57	No
3			0.1125	0.9067	0.1139	03:42:31	No
Mean :			0.1160				
SD :			0.0035				
%RSD :			3.0354				

[Hg]Standard number 3 applied.   [15.00]
Correlation Coefficient :   1.00000   Slope: 0.00799

Element: Hg   Seq.No.: 5   As Loc.: 5   Date: 02/03/1999
Sample ID: 20ppb

Repl #	SampleConc µg/L	StndConc µg/L	BlnkCorr Signal	Peak Area	Peak Height	Time	Peak Stored
1			0.1560	1.3095	0.1574	03:43:56	No
2			0.1441	1.1471	0.1455	03:44:31	No
3			0.1414	1.1283	0.1428	03:45:05	No
Mean :			0.1472				
SD :			0.0077				
%RSD :			5.2645				

[Hg]Standard number 4 applied.   [20.00]
Correlation Coefficient :   0.99999   Slope: 0.00795

Calibration data for Hg

Standard ID	Mean Signal (Pk Height)	Entered Concentration (µg/L)	Calculated Concentration (µg/L)	Standard Deviation	%RSD
Calib Blank	0.0014	----	----	----	----
5 ppb	0.0396	5.000	5.004	0.0008	2.1
10ppb	0.0783	10.000	10.079	0.0019	2.4
15ppb	0.1160	15.000	15.03	0.0035	3.0
20ppb	0.1472	20.000	19.99	0.0077	5.3
Calib Blank	0.0014	------	------	------	-------

Correlation Coefficient: 0.99999 Slope: 0.00795 -----

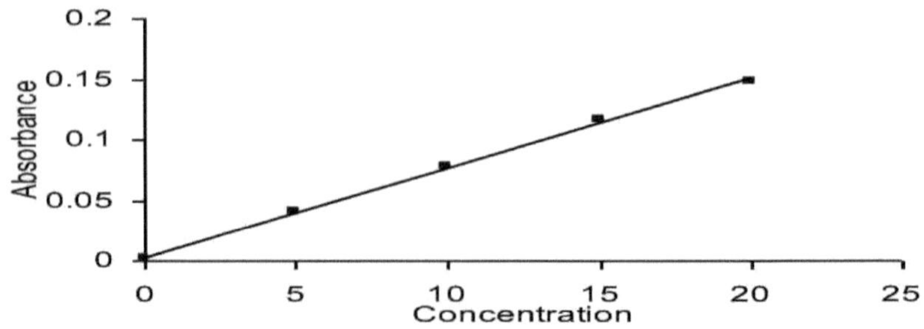

Element:	Hg	Seq.No.: 6	As Loc.: 6		Date: 02/03/1999		
Sample ID:	Fw-1						

Repl	SampleConc	StndConc	BlnkCorr	Peak	Peak	Time	Peak
#	µg/L	µg/L	Signal	Area	Height		Stored
1	0.214	0.214	0.0017	0.0094	0.0031	03:51:40	No
2	0.818	0.818	0.0065	0.0892	0.0079	03:52:14	No
3	0.767	0.767	0.0061	0.0803	0.0075	03:52:48	No
Mean :	0.600	0.600	0.0048				
SD :	0.3352	0.3352	0.0027				
%RSD :	55.9	55.9	55.8930				

Element:	Hg	Seq.No.: 7	As Loc.: 7		Date: 02/03/1999		
Sample ID:	Fw-3						

Repl	SampleConc	StndConc	BlnkCorr	Peak	Peak	Time	Peak
#	µg/L	µg/L	Signal	Area	Height		Stored
1	1.475	1.475	0.117	0.1092	0.0131	03:54:11	No
2	1.468	1.468	0.117	0.1175	0.0131	03:54:46	No
3	1.485	1.485	0.118	0.1207	0.0132	03:55:20	No
Mean :	1.476	1.476	0.117				
SD :	0.0086	0.0086	0.0001				
%RSD :	0.6	0.6	0.5807				

Element:	Hg	Seq.No.: 8	As Loc.: 8		Date: 02/03/1999		
Sample ID:	Fw-4						

Repl	SampleConc	StndConc	BlnkCorr	Peak	Peak	Time	Peak
#	µg/L	µg/L	Signal	Area	Height		Stored
1	1.156	1.156	0.0092	0.0871	0.0106	03:56:44	No
2	1.268	1.268	0.0101	0.1008	0.0115	03:57:19	No
3	1.358	1.358	0.0108	0.1097	0.0122	03:57:53	No
Mean :	1.260	1.260	0.0100				
SD :	0.1009	0.1009	0.0008				
%RSD	8.0	8.0	7.99				

Element:	Hg	Seq.No.: 9	As Loc.: 9		Date: 02/03/1999		
Sample ID:	Rw-1						

Repl	SampleConc	StndConc	BlnkCorr	Peak	Peak	Time	Peak
#	µg/L	µg/L	Signal	Area	Height		Stored
1	7.101	7.101	0.0561	0.4772	0.0571	03:59:13	No
2	7.250	7.250	0.0562	0.0892	0.0079	03:59:48	No
3	6.964	6.964	0.0560	0.0803	0.0075	04:00:22	No
Mean :	7.105	7.105	0.0561				
SD :	0.1167	0.1167	0.0001				
%RSD :	1.6	1.6	0.17				

Element:	Hg	Seq.No.: 10	As Loc.: 10		Date: 02/03/1999		
Sample ID:	Rw-4						

Repl	SampleConc	StndConc	BlnkCorr	Peak	Peak	Time	Peak
#	µg/L	µg/L	Signal	Area	Height		Stored
1	5.671	5.671	0.0449	0.3820	0.0453	04:04:01	No
2	5.685	5.685	0.0451	0.3825	0.0458	04:04:36	No
3	5.720	5.720	0.0454	0.3845	0.0472	04:05:10	No
Mean :	5.692	5.692	0.0452				
SD :	0.02	0.02	0.0002				
%RSD :	0.35	0.35	0.44				

Element:	Hg	Seq.No.: 11	As Loc.: 11		Date: 02/03/1999		
Sample ID:	Rw-2						

Repl	SampleConc	StndConc	BlnkCorr	Peak	Peak	Time	Peak
#	µg/L	µg/L	Signal	Area	Height		Stored
1	3.814	3.814	0.0302	0.2542	0.0316	04:04:01	No
2	3.834	3.834	0.0304	0.2567	0.0318	04:04:36	No
3	3.708	3.708	0.0294	0.2459	0.0308	04:05:10	No
Mean :	3.785	3.785	0.0100				
SD :	0.06789	0.0678	0.0005				
%RSD	1.8	1.8	1.79				

Element:	Hg	Seq.No.: 12	As Loc.: 12		Date: 02/03/1999		
Sample ID:	Rw-3						

Repl	SampleConc	StndConc	BlnkCorr	Peak	Peak	Time	Peak
#	µg/L	µg/L	Signal	Area	Height		Stored
1	3.264	3.264	0.0259	0.2195	0.0273	04:06:27	No
2	3.150	3.150	0.0250	0.2116	0.0264	04:07:02	No
3	3.101	3.101	0.0246	0.2034	0.0260	04:07:36	No
Mean :	3.172	3.172	0.0252				
SD :	0.0835	0.0835	0.0007				
%RSD :	2.6	2.6	2.6252				

Element:	Hg	Seq.No.: 13	As Loc.: 13		Date: 02/03/1999		
Sample ID:	Pw-1						

Repl	SampleConc	StndConc	BlnkCorr	Peak	Peak	Time	Peak
#	µg/L	µg/L	Signal	Area	Height		Stored
1	2.830	2.830	0.0225	0.1092	0.0131	04:08:53	No
2	2.805	2.805	0.0223	0.1175	0.0131	04:09:27	No
3	2.805	2.805	0.0223	0.1207	0.0132	04:10:02	No
Mean :	2.813	2.813	0.0224				
SD :	0.012	0.012	0.00009				
%RSD :	0.42	0.42	0.38				

Element: Hg   Seq.No.: 14   As Loc.: 14   Date: 02/03/1999
Sample ID: Pw-2

Repl #	SampleConc µg/L	StndConc µg/L	BlnkCorr Signal	Peak Area	Peak Height	Time	Peak Stored
1	2.219	2.219	0.0176	0.1491	0.0180	04:11:18	No
2	2.217	2.217	0.0175	0.1489	0.0179	04:11:52	No
3	2.203	2.203	0.0174	0.1480	0.0178	04:12:27	No
Mean :	2.213	2.213	0.0175				
SD :	0.01	0.01	0.0001				
%RSD	0.45	0.45	0.57				

Element: Hg   Seq.No.: 15   As Loc.: 15   Date: 02/03/1999
Sample ID: Pw-3

Repl #	SampleConc µg/L	StndConc µg/L	BlnkCorr Signal	Peak Area	Peak Height	Time	Peak Stored
1	2.142	2.142	0.0169	0.1439	0.0174	04:16:13	No
2	2.143	2.143	0.0170	0.1440	0.0175	04:16:47	No
3	2.135	2.135	0.0169	0.1435	0.0172	04:17:21	No
Mean :	2.140	2.140	0.0169				
SD :	0.004	0.004	0.0005				
%RSD :	0.19	0.19	2.9				

Element: Hg   Seq.No.: 16   As Loc.: 16   Date: 02/03/1999
Sample ID: Pw-4

Repl #	SampleConc µg/L	StndConc µg/L	BlnkCorr Signal	Peak Area	Peak Height	Time	Peak Stored
1	2.745	2.745	0.0218	0.1845	0.0222	04:18:40	No
2	2.605	2.605	0.0206	0.1750	0.0211	04:19:14	No
3	2.711	2.711	0.0215	0.1822	0.0219	04:19:48	No
Mean :	2.687	2.687	0.0213				
SD :	0.0596	0.0596	0.0006				
%RSD :	2.22	2.22	2.8				

Element: Hg   Seq.No.: 17   As Loc.: 17   Date: 02/03/1999
Sample ID: Fw-2

Repl #	SampleConc µg/L	StndConc µg/L	BlnkCorr Signal	Peak Area	Peak Height	Time	Peak Stored
1	2.041	2.041	0.0162	0.1372	0.0165	04:21:07	No
2	2.031	2.031	0.0161	0.1364	0.0164	04:21:41	No
3	2.201	2.201	0.0175	0.1479	0.0178	04:22:15	No
Mean :	2.091	2.091	0.0169				
SD :	0.0778	0.0778	0.0748				
%RSD	3.7	3.7	442.6				

Panel Kimia Analisis & Instrumentasi
Jabatan Kimia, Fakulti Sains
Universiti Teknologi Malaysia
80990 JOHOR BAHRU

E-mail: analisis@kimia.fs.utm.my
Tel:07-5504539
Fax:07-5566162

Analysis
Application Name   C:/Program Files/GBC AA Ver 1.1/Analysis2.anl
Date   Mon Jan. 28 08:55:01 1999

Method

Instrument Parameters

System Type   Furnace
Element   MeHg
Matrix
Lamp Current   3.0 mA
Wavelength   253.7 nm
Slit Width   0.5 nm
Slit Height   Reduced
Instrument Mode   Abs.BC On

Sample Measurement Parameters
Measurement Mode   Peak Area
Sample Introduction   Automatic
Time Constant   0.0s
Replicates   3

Calibration Parameters
Calibration Mode   Linear Least Squares
Concentration Units   ug/ml
Concentration Decimal Places   3
Callibration Failure On   None
Cal Faillure Action   Stop
Measure Sample Blank After Cal No
Auto Save After Cal   No

Quality Parameters
Second Fail Action   Stop
Range Checking   Off
Check Sample Conc   1.000 ug/ml
Check Sample Lower Range 80.0%
Check Sample Upper Range 120.0%
Check Sample Fail Action Stop
Check Sample Flag   *
Spike Conc   1.000 ug/l
Spike Volume   0 ul
Spike Recovery Lower Range   80.0%

Quality Parameters
Spike Recovery Upper Range   120.0%
Spike Fail Action   Stop
Spike Flag   *

Step	Final Temp (C)	Ramp Time (s)	Hold Time (s)	Gas Type	Read	Signal Graphics
Step 1	Inject sample					
Step 2	90°	20.0	10.0	Inert	Off	Off
Step 3	100°	20.0	10.0	Inert	Off	Off
Step 2	200°	10.0	5.0	Inert	Off	Off
Step 2	200°	1.0	0.5	None	Off	Off
Step 2	2000°	1.0	0.5	None	On	Off

PAL Parameters
Injection Speed   9ul/s
Sample Preparation   Auto-Calc
Auto-Calc Standard 1Volume   4 ul
Auto-Calc Sample Volume   20ul
Auto-Calc Modifier Volume   0ul
Auto-Calc Aux.Mod. Volume   0ul

Auto-Calc Total Volume   20ul
Full Calibration

Calibration Mode		Conc. Least Squares		Max Error:0.114	R^2:1.000		
Sample Label	Conc. ug/L	%RSD		Mean Abs.		Replicates	
Cal Blank	0.00	HIGH	0.009	0.007	0.013		0.008
Standard 1	4.000	2.17	0.282	0.280	0.277		0.289
Standard 2	8.000	1.58	0.496	0.491	0.492		0.505
Standard 3	12.000	3.00	0.663	0.654	0.686		0.650
Standard 4	16.000	2.05	0.811	0.790	0.811		0.832

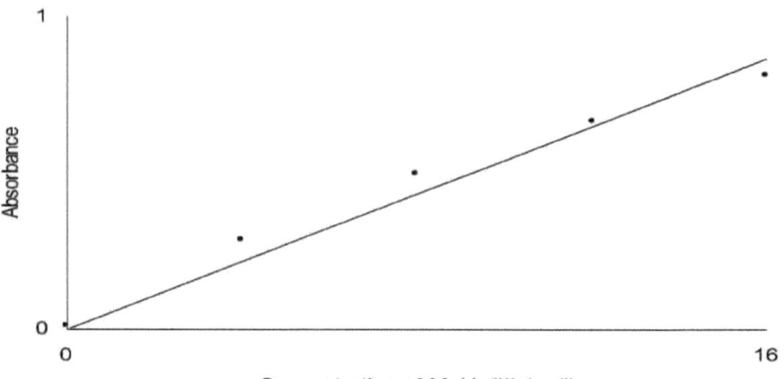

Sample Label	Conc. ug/L	%RSD	Mean Abs.	Replicates		
Sample 5ppb	4.962	0.61	0.328	0.326	0.330	0.328
Sample Blank	0.145	HIGH	0.009	0.007	0.011	0.008
Sample Fw-1	4.971	3.41	0.330	0.337	0.317	0.336
Sample Pw-1	5.547	2.26	0.362	0.355	0.371	0.360
Sample Rw-1	6.724	3.52	0.446	0.463	0.432	0.443
Sample Fw-2	5.537	4.32	0.361	0.343	0.369	0.371
Sample Pw-2	5.747	9.98	0.378	0.373	0.418	0.343
Sample 5ppb	4.967	10.84	0.329	0.312	0.305	0.370
Sample Rw-2	5.767	2.24	0.382	0.390	0.373	0.383
Sample Fw-3	5.597	6.02	0.370	0.390	0.346	0.374
Sample Pw-3	5.893	3.83	0.390	0.396	0.401	0.366
Sample Rw-3	5.957	5.40	0.394	0.371	0.398	0.413
Sample Fw-4	5.487	0.87	0.344	0.347	0.341	0.344
Sample Pw-4	6.077	1.39	0.400	0.405	0.394	0.401
Sample Rw-4	6.707	6.14	0.438	0.469	0.424	0.421
Sample 5ppb	4.971	3.42	0.330	0.337	0.317	0.336
Sample unkn	0.176	0.62	0.014	0.014	0.014	0.014
Sample unkn	0.172	12.91	0.014	0.013	0.016	0.013
Sample 7ppb	6.406	14.30	0.417	0.349	0.444	0.459

Análise quantitativa - Relatório de síntese

Sample ID : Blank
Sample Date/Time : Tuesday, February 02, 1999 16:10:15
Sample Description :
Solution Type : Sample
Blank File : c :/elandata/dataset/default/Blank.1714
Number of Replicates : 3
Peak Processing Mode : Average
Signal Profile Processing Mode : Average
Dual Detector Mode : Dual
Current Dead Time (ns) : 60
Acq. Dead Time (ns) : 60
Cumulative Autodilution Factor : 1
Sample File : C:/elandata/Sample/ukm 199.sam
Method File : c:/elandata/Method/heavymetals3.mth
Dataset File : c:/elandata/Dataset/default/1714
Tuning File : default.tun
Optimizarion File : default.dac
Calibration File : C:/elandata/System/ukm199.cal
Calibration Type : External Calibration

Summary

Intensities

Analyte Intens.SD	Mass	Meas.Intens.Mean	Meas.Intens. SD	Blank Intensity	Blank
Cr	52	1379.6280	21.6602		
Mn	55	2470.06	37.2617		
As	75	213.84	14.5722		

Concentration Results

Analyte	Mass	Net Intens.Mean	Conc.Mean	Conc.SD	Conc.RSD	Sample Unit
Cr	52					ug/L
Mn	55					ug/L
As	75					ug/L

Sample ID : 4 RW-1(T)
Sample Date/Time : Tuesday, February 02, 1999 15:34:11

Concentration Results

Analyte	Mass	Net Intens.Mean	Conc.Mean	Conc.SD	Conc.RSD	Sample Unit
Cr	52	85222.94	31.3514	0.3150	1.0046	ug/L
Mn	55	4983.07	1.0959	0.0277	2.5267	ug/L
As	75	12810.91	105.0312	0.2126	0.6344	ug/L

Sample ID : 6 PW-1(T)
Sample Date/Time : Tuesday, February 02, 1999 15:37:45

Concentration Results

Analyte	Mass	Net Intens.Mean	Conc.Mean	Conc.SD	Conc.RSD	Sample Unit
Cr	52	40185.90	14.7834	0.3773	2.5522	ug/L
Mn	55	3246.79	0.7141	0.0213	2.9806	ug/L
As	75	48567.21	40.0982	0.8091	1.9113	ug/L

Sample ID : 16 FW-1(T)
Sample Date/Time : Tuesday, February 02, 1999 15:56:01

Concentration Results

Analyte	Mass	Net Intens.Mean	Conc.Mean	Conc.SD	Conc.RSD	Sample Unit
Cr	52	29493.77	10.8500	0.0487	1.9066	ug/L
Mn	55	23027.48	5.0645	0.0786	3.3557	ug/L
As	75	35369.99	29.0941	0.1211	0.9233	ug/L

Sample ID : 10 RW-2(T)
Sample Date/Time : Tuesday, February 02, 1999 15:44:59

Concentration Results

Analyte	Mass	Net Intens.Mean	Conc.Mean	Conc.SD	Conc.RSD	Sample Unit
Cr	52	16568.90	60.5409	0.0959	0.1584	ug/L
Mn	55	14601.58	3.2114	0.0403	1.2562	ug/L
As	75	105379.68	86.7021	0.6107	0.6642	ug/L

Sample ID : 1 PW-2(T)
Sample Date/Time : Tuesday, February 02, 1999 15:28:54

Concentration Results

Analyte	Mass	Net Intens.Mean	Conc.Mean	Conc.SD	Conc.RSD	Sample Unit
Cr	52	40860.93	15.0317	0.1485	1.9066	ug/L
Mn	55	1973.67	0.4341	0.1492	3.3557	ug/L
As	75	13653.69	11.1518	0.4023	1.0176	ug/L

Sample ID : 11 FW-2(T)
Sample Date/Time : Tuesday, February 02, 1999 15:46:49

Concentration Results

Analyte	Mass	Net Intens.Mean	Conc.Mean	Conc.SD	Conc.RSD	Sample Unit
Cr	52	37720.81	13.8766	0.3090	2.2271	ug/L
Mn	55	6554.75	1.4416	0.0235	1.6278	ug/L
As	75	13216.22	10.8151	0.4023	1.0176	ug/L

Sample ID : 23 RW-3(T)
Sample Date/Time : Tuesday, February 02, 1999 16:08:27

Concentration Results

Analyte	Mass	Net Intens.Mean	Conc.Mean	Conc.SD	Conc.RSD	Sample Unit
Cr	52	18146.42	6.6756	0.0626	0.9382	ug/L
Mn	55	59480.48	13.0817	0.0753	0.5758	ug/L
As	75	8776.27	7.2015	0.1009	1.0505	ug/L

Sample ID : 20 PW-3(T)
Sample Date/Time : Tuesday, February 02, 1999 16:06:39

Concentration Results

Analyte	Mass	Net Intens.Mean	Conc.Mean	Conc.SD	Conc.RSD	Sample Unit
Cr	52	49799.90	18.3202	0.1509	0.8236	ug/L
Mn	55	129850.58	28.5585	0.2933	1.0270	ug/L
As	75	8288.08	6.8023	0.0012	0.3536	ug/L

Sample ID : 5 FW-3(T)
Sample Date/Time : Tuesday, February 02, 1999 15:35:58

Concentration Results

Analyte	Mass	Net Intens.Mean	Conc.Mean	Conc.SD	Conc.RSD	Sample Unit
Cr	52	62221.35	22.8897	0.1485	1.9066	ug/L
Mn	55	4977.84	1.0948	0.1492	3.3557	ug/L
As	75	6483.42	5.2873	0.4132	1.3429	ug/L

Sample ID : 25 RW-4 (T)
Sample Date/Time : Tuesday, February 02, 1999 16:12:04

Concentration Results

Analyte	Mass	Net Intens.Mean	Conc.Mean	Conc.SD	Conc.RSD	Sample Unit
Cr	52	21178.93	0.1485	0.1485	1.9066	ug/L
Mn	55	20212.68	4.4454	0.1492	3.3557	ug/L
As	75	6893.95	57.5278	0.0217	0.9233	ug/L

Sample ID : 12 PW-4(T)
Sample Date/Time : Tuesday, February 02, 1999 15:46:49

Concentration Results

Analyte	Mass	Net Intens.Mean	Conc.Mean	Conc.SD	Conc.RSD	Sample Unit
Cr	52	43146.12	15.8724	0.0740	0.4695	ug/L
Mn	55	5314.32	1.1688	0.0023	0.1960	ug/L
As	75	51487.91	42.4198	0.4127	0.8731	ug/L

Sample ID : 24 FW-4(T)
Sample Date/Time : Tuesday, February 02, 1999 16:10:15

Concentration Results

Analyte	Mass	Net Intens.Mean	Conc.Mean	Conc.SD	Conc.RSD	Sample Unit
Cr	52	29493.77	10.8500	0.0487	1.9066	ug/L
Mn	55	23027.48	5.0645	0.0786	3.3557	ug/L
As	75	35492.27	29.2174	0.6101	0.9233	ug/L

Sample ID : 2 RW-1(III)
Sample Date/Time : Tuesday, February 02, 1999 15:30:39

Concentration Results

Analyte	Mass	Net Intens.Mean	Conc.Mean	Conc.SD	Conc.RSD	Sample Unit
Cr	52	55398.04	20.3796	0.1485	1.9066	ug/L
Mn	55	4853.57	1.0675	0.1492	3.3557	ug/L
As	75	32053.39	26.4120	0.4873	0.7286	ug/L

Sample ID : 13 PW-1(III)
Sample Date/Time : Tuesday, February 02, 1999 15:50:30

Concentration Results

Analyte	Mass	Net Intens.Mean	Conc.Mean	Conc.SD	Conc.RSD	Sample Unit
Cr	52	37720.81	13.8766	0.3090	2.2271	ug/L
Mn	55	6554.75	1.4416	0.0235	1.6278	ug/L
As	75	8471.95	7.1323	0.9341	1.3258	ug/L

Sample ID : 8 FW-1(III)
Sample Date/Time : Tuesday, February 02, 1999 15:41:21

Concentration Results

Analyte	Mass	Net Intens.Mean	Conc.Mean	Conc.SD	Conc.RSD	Sample Unit
Cr	52	69688.01	25.6365	0.1485	1.9066	ug/L
Mn	55	6190.03	1.3614	0.1492	3.3557	ug/L
As	75	7069.24	5.8931	0.8793	1.0176	ug/L

Sample ID : 3 RW-2(III)
Sample Date/Time : Tuesday, February 02, 1999 15:32:25

Concentration Results

Analyte	Mass	Net Intens.Mean	Conc.Mean	Conc.SD	Conc.RSD	Sample Unit
Cr	52	68699.68	25.2729	0.1485	1.9066	ug/L
Mn	55	4180.66	0.9195	0.1492	3.3557	ug/L
As	75	28165.08	23.2037	0.8004	1.0176	ug/L

Sample ID : 22 PW-2(III)
Sample Date/Time : Tuesday, February 02, 1999 16:06:39

Concentration Results

Analyte	Mass	Net Intens.Mean	Conc.Mean	Conc.SD	Conc.RSD	Sample Unit
Cr	52	17435.46	6.4141	0.2350	3.6633	ug/L
Mn	55	25942.94	5.7057	0.4885	8.5624	ug/L
As	75	29506.67	2.3982	0.9041	1.6034	ug/L

Sample ID : 24 FW-2(III)
Sample Date/Time : Tuesday, February 02, 1999 16:10:15

Concentration Results

Analyte	Mass	Net Intens.Mean	Conc.Mean	Conc.SD	Conc.RSD	Sample Unit
Cr	52	12402.06	4.5624	0.0216	0.4745	ug/L
Mn	55	11716.65	2.5769	0.0057	0.2228	ug/L
As	75	2068.27	1.7812	0.0126	1.3580	ug/L

Sample ID : 21 RW-3(III)
Sample Date/Time : Tuesday, February 02, 1999 16:04:51

Concentration Results

Analyte	Mass	Net Intens.Mean	Conc.Mean	Conc.SD	Conc.RSD	Sample Unit
Cr	52	49758.31	18.3049	0.1327	0.7248	ug/L
Mn	55	5235.91	834.3532	7.5191	0.9012	ug/L
As	75	1054.89	1.1084	0.2103	1.6034	ug/L

Sample ID : 15 PW-3(III)
Sample Date/Time : Tuesday, February 02, 1999 15:54:12

Concentration Results

Analyte	Mass	Net Intens.Mean	Conc.Mean	Conc.SD	Conc.RSD	Sample Unit
Cr	52	22400.83	8.2407	0.0823	0.9993	ug/L
Mn	55	7010.26	1.5418	0.0163	1.0560	ug/L
As	75	1525.73	1.4154	0.1978	0.9917	ug/L

Sample ID : 17 FW-3(III)
Sample Date/Time : Tuesday, February 02, 1999 15:57:46

Concentration Results

Analyte	Mass	Net Intens.Mean	Conc.Mean	Conc.SD	Conc.RSD	Sample Unit
Cr	52	20883.96	8.2407	0.0994	1.2934	ug/L
Mn	55	5235.91	1.5418	0.0145	1.2621	ug/L
As	75	1415.65	1.1584	0.7103	0.3855	ug/L

Sample ID : 14 RW-4(III)
Sample Date/Time : Tuesday, February 02, 1999 15:52:21

Concentration Results

Analyte	Mass	Net Intens.Mean	Conc.Mean	Conc.SD	Conc.RSD	Sample Unit
Cr	52	49972.63	18.3837	0.1735	0.9438	ug/L
Mn	55	2736724.90	601.8968	0.5656	0.0940	ug/L
As	75	19776.17	16.2913	0.6341	4.0603	ug/L

Sample ID : 9 PW-4(III)
Sample Date/Time : Tuesday, February 02, 1999 15:43:10

Concentration Results

Analyte	Mass	Net Intens.Mean	Conc.Mean	Conc.SD	Conc.RSD	Sample Unit
Cr	52	106265.40	39.0252	0.1485	1.9066	ug/L
Mn	55	6633.17	1.4589	0.1492	3.3557	ug/L
As	75	11853.68	9.7659	0.2007	1.0176	ug/L

Sample ID : 7 FW-4(III)
Sample Date/Time : Tuesday, February 02, 1999 15:39:33

Concentration Results

Analyt	Mass	Net Intens.Mean	Conc.Mean	Conc.SD	Conc.RSD	Sample Unit
Cr	52	75343.23	27.7169	0.3049	1.0999	ug/L
Mn	55	3818.54	0.8398	0.0105	1.2495	ug/L
As	75	7787.69	6.4031	0.3126	1.5463	ug/L

Sample ID : Standard Soln-5 ppb (III)
Sample Date/Time : Tuesday, February 02, 1999 16:13:53

Concentration Results

Analyte	Mass	Net Intens.Mean	Conc.Mean	Conc.SD	Conc.RSD	Sample Unit
Cr	52	13744.74	4.9987	0.1404	1.4745	ug/L
Mn	55	23691.87	4.9998	0.1802	1.9825	ug/L
As	75	6120.80	51.0783	0.0032	0.8805	ug/L

Sample ID : Standard Soln-10 ppb (T)
Sample Date/Time : Tuesday, February 02, 1999 16:15:42

Concentration Results

Analyte	Mass	Net Intens.Mean	Conc.Mean	Conc.SD	Conc.RSD	Sample Unit
Cr	52	27446.44	9.9843	0.1480	0.4826	ug/L
Mn	55	47444.16	10.0127	0.1044	0.0422	ug/L
As	75	12290.68	100.8202	0.0126	1.8187	ug/L

Sample ID : Blank
Sample Date/Time : Monday, August 24, 2000 15:55:04
Sample Description:
Solution Type : Blank
Blank File : c:/elandata/Dataset/default/Blank. 743
Number of Replicates : 3
Peak Processing Mode : Average
Signal Profile Processing Mode : Average
Dual Detector Mode : Dual
Current Dead Time (ns) : 60
Acq. Dead Time (ns) : 60
Cumulative Autodilution Factor : 1

Sample File : C:/elandata/Sample/heavymetals.sam
Method File : c:/elandata/Method/heavymetals.mth
Dataset File : c:/elandata/Dataset/default/Blank. 743
Tuning File : default.tun
Optimization File : ultrasonic.dac
Calibration File :
Calibration Type : External Calibration.

Summary

Intensities

Analyte	Mass	Meas. Intens.Mean	Meas.Intens.SD	Blank Intensity	Blank Intens.SD
Cu	63	2837.31	1785.6935		
As	75	668.03	88.48.42		
Se	82	81.33	2.8751		
Cd	114	296.84	212.5441		
Sb	121	604.53	31.7517		
Pb	208	1425.99	644.6799		
Cr	52	13489.08	1005.0699		

Concentration Results

Analyte	Mass	Net. Intens.Mean	Conc. Meas.	Conc.SD	Conc.RSD	Sample Unit
Cu	63					ug/L
As	75					ug/L
Se	82					ug/L
Cd	114					ug/L
Sb	121					ug/L
Pb	208					ug/L
Cr	52					ug/L

Análise quantitativa - Relatório de síntese

Sample ID : Standard 1
Sample Date/Time : Monday, August 24, 2000 15:57:21
Sample Description:
Solution Type : Standard
Blank File : c:/elandata/Dataset/default/Blank. 743
Number of Replicates : 3
Peak Processing Mode : Average
Signal Profile Processing Mode : Average
Dual Detector Mode : Dual
Current Dead Time (ns) : 60
Acq. Dead Time (ns) : 60
Cumulative Autodilution Factor : 1

Sample File : C:/elandata/Sample/heavymetals.sam
Method File : c:/elandata/Method/heavymetals.mth
Dataset File : c:/elandata/Dataset/default/Standard 1.744
Tuning File : default.tun
Optimization File : ultrasonic.dac
Calibration File :
Calibration Type : External Calibration.

Concentration Results

Analyte	Mass	Net. Intens.Mean	Conc. Meas.	Conc.SD	Conc.RSD	Sample Unit
Cu	63	256004.77				ug/L
As	75	69278.71				ug/L
Se	82	10056.83				ug/L
Cd	114	225614.01				ug/L
Sb	121	12118.96				ug/L
Pb	208	450522.39				ug/L
Cr	52	308815.73				ug/L

Análise quantitativa - Relatório de síntese

Sample ID : Standard 2
Sample Date/Time : Monday, August 24, 2000.15:59:38
Sample Description:
Solution Type : Standard
Blank File : c:/elandata/Dataset/default/Blank. 743
Number of Replicates : 3
Peak Processing Mode : Average
Signal Profile Processing Mode : Average
Dual Detector Mode : Dual
Current Dead Time (ns) : 60
Acq. Dead Time (ns) : 60
Cumulative Autodilution Factor : 1

Sample File : C:/elandata/Sample/heavymetals.sam
Method File : c:/elandata/Method/heavymetals.mth
Dataset File : c:/elandata/Dataset/default/Standard 2.745
Tuning File : default.tun
Optimization File : ultrasonic.dac
Calibration File :
Calibration Type : External Calibration.

Resultados da concentração

Analyte	Mass	Net.	Intens.Mean	Conc. Meas.	Conc.SD	Conc.RSD	Sample Unit
Cu	63		490733.11	3.8338	1.5740	41.0565	ug/L
As	75		150337.04	4.3401	1.8402	42.4009	ug/L
Se	82		21709.34	4.3173	1.8256	42.2850	ug/L
Cd	114		478411.55	4.2410	1.6944	39.9536	ug/L
Sb	121		29090.12	4.8008	2.1951	45.7244	ug/L
Pb	208		2123146.91	9.4253	4.0096	42.5415	ug/L
Cr	52		678792.91	4.3961	1.6972	38.6079	ug/L

Análise quantitativa - Relatório de síntese

Sample ID : Standard 3
Sample Date/Time : Monday, August 24, 2000 16:01:56
Sample Description:
Solution Type : Standard
Blank File : c:/elandata/Dataset/default/Blank. 743
Number of Replicates : 3
Peak Processing Mode : Average
Signal Profile Processing Mode : Average
Dual Detector Mode : Dual
Current Dead Time (ns) : 60
Acq. Dead Time (ns) : 60
Cumulative Autodilution Factor : 1

Sample File : C:/elandata/Sample/heavymetals.sam
Method File : c:/elandata/Method/heavymetals.mth
Dataset File : c:/elandata/Dataset/default/Standard 3.746
Tuning File : default.tun
Optimization File : ultrasonic.dac
Calibration File :
Calibration Type : External Calibration.

Resultados da concentração

Analyte	Mass	Net.	Intens.Mean	Conc. Meas.	Conc.SD	Conc.RSD	Sample Unit
Cu	63		947472.26	7.6565	3.5074	45.8090	ug/L
As	75		289374.35	7.8219	3.9263	50.1958	ug/L
Se	82		42516.61	7.9507	3.9232	49.3440	ug/L

Cd	114	913868.34	7.7287	3.6761	47.5646	ug/L
Sb	121	62720.52	8.9219	4.3916	4.9224	ug/L
Pb	208	7825424.37	16.6611	7.2294	43.3910	ug/L
Cr	52	1350955.34	8.1070	3.6463	44.9771	ug/L

Análise quantitativa - Relatório de síntese

Sample ID : Standard 4
Sample Date/Time : Monday, August 24, 1998 16:04:15
Sample Description:
Solution Type : Standard
Blank File : c:/elandata/Dataset/default/Blank. 743
Number of Replicates : 3
Peak Processing Mode : Average
Signal Profile Processing Mode : Average
Dual Detector Mode : Dual
Current Dead Time (ns) : 60
Acq. Dead Time (ns) : 60
Cumulative Autodilution Factor : 1

Sample File : C:/elandata/Sample/heavymetals.sam
Method File : c:/elandata/Method/heavymetals.mth
Dataset File : c:/elandata/Dataset/default/Standard 4.747
Tuning File : default.tun
Optimization File : ultrasonic.dac
Calibration File :
Calibration Type : External Calibration.

Resultados da concentração

Analyte	Mass	Net. Intens.Mean	Conc. Meas.	Conc.SD	Conc.RSD	Sample Unit
Cu	63	1035426.23	8.6502	5.8802	67.9770	ug/L
As	75	333166.15	9.1610	6.3078	68.8547	ug/L
Se	82	49029.23	9.2118	6.6347	72.0239	ug/L
Cd	114	1037127.73	9.0038	5.9855	66.4774	ug/L
Sb	121	79427.61	10.3865	3.8600	37.1637	ug/L
Pb	208	3698379.43	4.3150	2.5348	58.7438	ug/L
Cr	52	1620454.12	9.6262	6.6145	68.7139	ug/L

Panel Kimia Analisis & Instrumentasi
Jabatan Kimia, Fakulti Sains
Universiti Teknologi Malaysia
80990 JOHOR BAHRU

E-mail: analisis@kimia.fs.utm.my
Tel:07-5504539
Fax:07-5566162

Analysis
Application Name   C:/Program Files/GBC AA Ver 1.1/Analysis2.anl
Date   Sat Aug 15 08:55:01 1998

Method

<u>Instrument Parameters</u>

System Type	Furnace
Element	Cr
Matrix	
Lamp Current	6.0 mA
Wavelength	357.9 nm
Slit Width	0.2 nm
Slit Height	Reduced
Instrument Mode	Abs.BC Off

<u>Sample Measurement Parameters</u>

Measurement Mode	Peak Area
Sample Introduction	Automatic
Time Constant	0.0s
Replicates	3

<u>Calibration Parameters</u>

Calibration Mode	Linear Least Squares
Concentration Units	ug/ml
Concentration Decimal Places	3
Calibration Failure On	None
Cal Failure Action	Stop
Measure Sample Blank After Cal	No
Auto Save After Cal	No

<u>Quality Parameters</u>

Second Fail Action	Stop
Range Checking	Off
Check Sample Conc	1.000 ug/ml
Check Sample Lower Range	80.0%
Check Sample Upper Range	120.0%
Check Sample Fail Action	Stop
Check Sample Flag	*
Spike Conc	1.000 ug/l

<u>Quality Parameters</u>

Spike Volume	0 ul
Spike Recovery Lower Range	80.0%
Spike Recovery Upper Range	120.0%
Spike Fail Action	Stop
Spike Flag	*

Step	Final Temp (C)	Ramp Time (s)	Hold Time (s)	Gas Type	Read	Signal Graphics
Step 1	Inject sample					
Step 2	110°	20.0	10.0	Inert	Off	Off
Step 3	1000°	20.0	10.0	Inert	Off	Off
Step 4	1000°	1.0	1.0	None	Off	Off
Step 5	2400	1.0	0.5	None	On	On
Step 6	2500	0.5	0.5	Inert	Off	Off

<u>PAL Parameters</u>

Injection Speed	9 ul/s
Sample Preparation	Auto-Calc
Auto-Calc Standard 1 Volume	5 ul
Auto-Calc Sample Volume	20 ul
Auto-Calc Modifier Volume	0 ul
Auto-Calc Aux.Mod. Volume	0 ul

Auto-Calc Total Volume   20 ul

Full Calibration

Calibration Mode		Linear Least Squares	Max Error: 0.039		R^2:0.991	

Sample Label	Conc. (ug/l)	%RSD	Mean Abs.		Replicates		
Cal Blank ----		HIGH	0.015	0.012	0.014	0.019
Standard 1	5.000	1.81	0.139	0.139	0.142	0.137
Standard 2	10.000	2.79	0.387	0.375	0.396	0.390
Standard 3	15.000	0.47	0.592	0.563	0.559	0.564
Standard 4	20.000	0.35	0.793	0.750	0.754	0.755
Standard 5	25.000	6.03	0.992	0.985	1.055	0.936

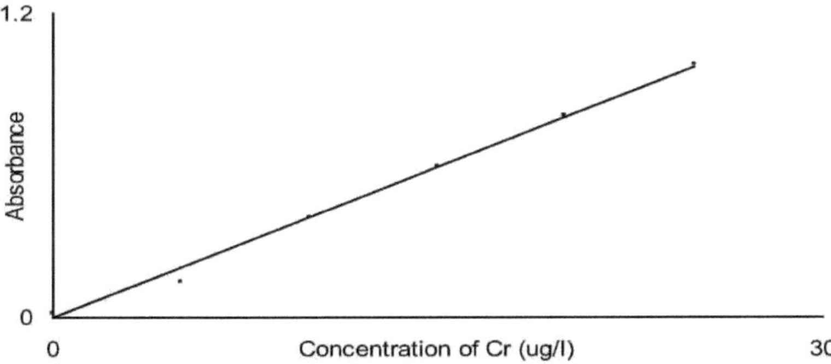

Sample Label	Conc. ug/L	%RSD	Mean Abs.		Replicates		
Sample Blank	0.410	HIGH	0.016	0.027	0.010	0.011
Standard 2.5ppb	2.856	4.09	0.112	0.107	0.116	0.113
Sample Rw-1	17.263	2.89	0.679	0.682	0.697	0.658
Sample Rw-2	1.011	17.44	0.098	0.096	0.082	0.116
Sample 5ppb	5.331	11.14	0.210	0.197	0.237	0.196
Sample Rw-3	Fail	0.56	1.254	1.246	1.257	1.259
Sample Rw-3	15.607	2.51	0.614	0.627	0.618	0.597
Sample Rw-4	Fail	0.53	2.021	2.025	2.024	2.006
Sample Rw-4	25.655	1.93	0.274	0.276	0.268	0.278
Sample Blank	0.358	HIGH	0.014	0.012	0.011	0.019
Sample 5ppb	5.329	10.18	0.209	0.232	0.205	0.190
Sample 10ppb	11.012	7.34	0.433	0.460	0.441	0.398

Sample ID : 1a
Sample Date/Time : Monday, August 24, 2000 16:06:35

Concentration Results

Analyte	Mass	Net. Intens.Mean	Conc. Meas.	Conc.SD	Conc.RSD	Sample Unit
Cu	63	288985.96	2.6054	1.6198	62.1709	ug/L
As	75	3 80917.72	10.9744	7.2931	66.4553	ug/L
Se	82	2515.13	0.4937	0.2916	59.0583	ug/L
Cd	114	14366.05	0.1319	0.0752	57.0477	ug/L
Sb	121	11030.28	1.4127	0.8456	59.8593	ug/L
Pb	208	885120.96	1.4944	0.7802	52.2089	ug/L
Cr	52	2790222.60	16.9188	11.3662	67.1807	ug/L

Sample ID : 4a
Sample Date/Time : Monday, August 24, 2000 16:13:36

Concentration Results

Analyte	Mass	Net. Intens.Mean	Conc. Meas.	Conc.SD	Conc.RSD	Sample Unit
Cu	63	154384.80	1.3919	1.0248	73.6269	ug/L
As	75	301560.11	8.6881	7.1724	82.5541	ug/L
Se	82	762.00	0.1496	0.1198	80.1108	ug/L
Cd	114	4745.42	0.0436	0.0259	59.3706	ug/L
Sb	121	2536.81	0.3249	0.1442	44.3934	ug/L
Pb	208	371169.85	0.6267	0.4837	77.1833	ug/L
Cr	52	93649.56	0.5679	0.3067	54.0191	ug/L

Sample ID : 7a
Sample Date/Time : Monday, August 24, 2000 16:20:24
Sample Description:

Concentration Results

Analyte	Mass	Net. Intens.Mean	Conc. Meas.	Conc.SD	Conc.RSD	Sample Unit
Cu	63	404045.56	3.6427	1.1621	31.9012	ug/L
As	75	25505.97	0.7348	0.2517	34.2509	ug/L
Se	82	911.12	0.1788	0.0640	35.8127	ug/L
Cd	114	7591.02	0.0697	0.0173	24.8059	ug/L
Sb	121	2034.27	0.2605	0.0880	34.4108	ug/L
Pb	208	1877516.08	3.1699	0.9968	34.4108	ug/L
Cr	52	4717324.61	28.6040	8.9392	31.2516	ug/L

Sample ID : 10a
Sample Date/Time : Monday, August 24, 2000 16:27:17

Resultados da concentração

Analyte	Mass	Net. Intens.Mean	Conc. Meas	Conc.SD	Conc.RSD	Sample Unit
Cu	63	424936.93	5.0748	2.5191	52.6725	ug/L
As	75	81592.32	5.9576	2.8216	55.4681	ug/L
Se	82	666.50	0.1714	0,1392	57.5690	ug/L
Cd	114	57899.60	0.2616	0.1259	53.2337	ug/L
Sb	121	1704.84	0.2184	0.1022	46.2156	ug/L
Pb	208	899938.29	3.5289	1.1305	50.1543	ug/L
Cr	52	9495052.00	50.0912	18.9455	53.1500	ug/L

Sample ID : std   10ppb
Sample Date/Time : Monday, August 24, 2000 17:13:32

Resultados da concentração

Analyte	Mass	Net. Intens.Mean	Conc. Meas.	Conc.SD	Conc.RSD	Sample Unit
Cu	63	1042549.04	9.3992	4.9784	52.9658	ug/L
As	75	322941.75	9.3041	5.3041	57.0076	ug/L
Se	82	45660.20	8.9628	5.0323	56.1470	ug/L
Cd	114	1087668.89	9.9830	5.4033	54.1252	ug/L
Sb	121	18101.53	10.1331	0.8106	48.7288	ug/L
Pb	208	3935724.51	6.6450	3.5839	53.9348	ug/L
Cr	52	1736606.32	10.5301	5.8842	55.8796	ug/L

yes
I want morebooks!

Buy your books fast and straightforward online - at one of world's fastest growing online book stores! Environmentally sound due to Print-on-Demand technologies.

Buy your books online at
www.morebooks.shop

Compre os seus livros mais rápido e diretamente na internet, em uma das livrarias on-line com o maior crescimento no mundo! Produção que protege o meio ambiente através das tecnologias de impressão sob demanda.

Compre os seus livros on-line em
www.morebooks.shop

Printed by Books on Demand GmbH, Norderstedt / Germany